机械工人技术理论培训教材

初级车工工艺学

机械工业部　统编

机械工业出版社

本书叙述初级车工的基本工艺知识，内容包括：轴类零件的车削；套类零件的车削；圆锥面、成形面和螺纹的车削等。对车床的切削原理，型号、使用和保养也作了简要阐述。

本书内容少而精，着重叙述应用技术，并突出了工艺分析。

本书也可作为职业学校、技工学校初级车工培训教材和工人自学用书。

本书由上海机床厂许兆丰、上海机电工业管理局梁君豪编写。上海机电工业学校陈长兴审稿。

图书在版编目（CIP）数据

初级车工工艺学/机械工业部统编．—北京：机械工业出版社，1996.5（2023.1 重印）
机械工人技术理论培训教材
ISBN 978-7-111-00652-7

Ⅰ．初…　Ⅱ．机…　Ⅲ．车削—工艺—技术培训—教材　Ⅳ．TG510.6

中国版本图书馆 CIP 数据核字（2001）第 24438 号

机械工业出版社（北京市百万庄大街 22 号　邮政编码 100037）
责任编辑：吴天培　版式设计：张伟行　责任校对：肖新民
封面设计：姚　毅　责任印制：郜　敏
北京富资园科技发展有限公司印刷
2023 年 1 月第 1 版・第 28 次印刷
130mm×184mm・7.25 印张・155 千字
标准书号：ISBN 978-7-111-00652-7
定价：25.00 元

电话服务
客服电话：010-88361066
010-88379833
010-68326294

网络服务
机 工 官 网：www.cmpbook.com
机 工 官 博：weibo.com/cmp1952
金 书 网：www.golden-book.com
机工教育服务网：www.cmpedu.com

重排说明

原国家机械工业委员会统编《机械工人技术理论培训教材》(包括配套习题集) 自 1988 年出版发行以来，以其行业针对性、实用性强和职业 (工种) 覆盖面广等特点深受全国机械行业各级工人培训部门和广大工人的欢迎，一再重印，畅销不衰，为改善和提高机械行业技术工人队伍的技术素质发挥了很好的作用，在全国产生了广泛而深刻的影响。近年来，这套教材又成为不少地区政府部门和社会力量实施再就业工程的首选教材。

由于这套教材出版发行已近 10 年，一部分教材中使用的技术标准、计量单位、名词术语已经过时，也有一些内容显得陈旧。这些问题尽管所占比例不大，但是为了对社会、对广大读者负责，为了使这套教材能够继续、更好地发挥作用，我们对有上述问题的教材分期分批进行了修改、重排。重排本采用了最新国家标准、法定计量单位和规范的名词术语，删去了陈旧的内容，适当补充了新的内容，从而更加实用。重排本还将教材的封面、内封和版权页上的“国家机械工业委员会统编”改为“机械工业部统编”；配套习题集的封面、内封和版权页上的“国家机械委技工培训教材编审组编”改为“机械工业部技工培训教材编审组编”。

广大读者对重排本有何意见或建议，欢迎给我们提出，以便我们以后改进。

机械工业部技工培训教材编审组

前言

1981年，原第一机械工业部为贯彻、落实《中共中央、国务院关于加强职工教育工作的决定》，确定对机械工业系统技术工人按照初、中、高三个阶段进行技术培训。为此，组织制定了30个通用技术工种的《工人初、中级技术理论教学计划、教学大纲（试行）》，编写了相应的教材，有力地推动了“六五”期间机械行业的工人培训工作，初步改变了十年动乱造成的工人队伍文化技术水平低下的状况，取得了比较显著的成绩。

鉴于原机械工业部1985年对《工人技术等级标准（通用部分）》进行了全面修订，原教学计划、教学大纲已不适应新《标准》的要求，而且缺少高级部分；编写的教材，由于时间仓促、经验不足，在内容上也存在着偏深、偏多、偏难等脱离实际等问题。为此，原机械工业部又根据新《标准》，重新制定了33个通用技术工种的《机械工人技术理论培训计划、培训大纲》（初、中、高级），于1987年3月由国家机械工业委员会颁发，并根据培训计划、大纲的要求，编写了配套教材149种。

这套新教材的编写，体现了《国家教育委员会关于改革和发展成人教育的决定》中对“技术工人要按岗位要求开展技术等级培训”的有关精神，坚持了文化课为技术基础课服务，技术基础课为专业课服务，专业课为提高操作技能和分析解决生产实际问题的能力服务的原则。在内容上，力求以基本概念和原理为主，突出针对性和实用性，着重讲授基本知识，注重能力培养，并从当前机械行业工人队伍素质的实际情况出发，努力做到理论联系实际，通俗易懂，具有工人培训教材的特色，同时注意了初、中、高三级之间合理的衔接，便于在职技术工人学习运用。

这套教材是国家机械工业委员会委托上海、江苏、四川、沈阳等地机械工业管理部门和上海材料研究所、湘潭电机厂、长春第一汽车制造厂、济南第二机床厂等单位，组织了200多个企业、院校和科研单位的近千名从事职工教育的同志、工程技术人员、教师、科技工作者及富有生产经验的老工人，在调查研究和认真汲取“六五”期间工人教材建设工作经验教训的基础上编写的。在新教材行将出版之际，谨向为此付出艰辛劳动的全体编、审人员，各地的组织领导者，以及积极支持教材编审出版并予以通力合作的各有关单位和机械工业出版社致以深切的谢意！

编好、出好这套教材不容易；教好、学好这些课程更需要广大职教工作者和技术工人的奋发努力。新教材仍难免存在某些缺点和错误，我们恳切地希望同志们在教和学的过程中发现问题，及时提出批评和指正，以便再版时修订，使其更完善，更好地发挥为振兴机械工业服务的作用。

国家机械工业委员会

技工培训教材编审组

1987年11月

目　录

重排说明
前言
第一章　车削的基本知识 …… 1
第一节　车削的基本内容 …… 1
第二节　车床的简单介绍 …… 2
第三节　车床的润滑和一级保养 …… 11
第四节　文明生产与安全技术 …… 15
复习题 …… 18
第二章　切削原理的基本知识 …… 19
第一节　车刀 …… 19
第二节　切削用量的基本概念 …… 32
第三节　金属切削过程中的物理现象 …… 37
第四节　切削力的基本概念 …… 45
第五节　切削液 …… 47
第六节　减小工件表面粗糙度值的方法 …… 49
复习题 …… 53
第三章　轴类零件的车削 …… 54
第一节　车削轴类零件用的车刀 …… 54
第二节　工件的装夹 …… 60
第三节　轴类零件的车削 …… 69
复习题 …… 72
第四章　切断和车沟槽 …… 74
第一节　切断刀 …… 75
第二节　切断和车沟槽 …… 79
第三节　轴类零件的车削工艺分析 …… 84

复习题 …… 88
第五章 套类零件的车削 …… 89
第一节 套类零件的技术要求和加工特点 …… 89
第二节 钻孔 …… 91
第三节 扩孔和锪孔 …… 99
第四节 车孔 …… 101
第五节 铰孔 …… 105
第六节 保证套类零件技术要求的方法 …… 109
第七节 套类零件的检验 …… 113
第八节 产生废品的原因及预防措施 …… 118
第九节 套类零件的车削工艺分析 …… 119
复习题 …… 126
第六章 圆锥面的车削 …… 127
第一节 圆锥各部分名称及计算 …… 128
第二节 标准圆锥 …… 132
第三节 车外圆锥的方法 …… 133
第四节 车内圆锥的方法 …… 139
第五节 圆锥的检验 …… 142
第六节 产生废品的原因及预防措施 …… 145
复习题 …… 146
第七章 车成形面和表面修饰加工 …… 148
第一节 车成形面 …… 148
第二节 抛光 …… 157
第三节 研磨 …… 159
第四节 滚花 …… 162
第五节 表面修饰加工时的安全技术 …… 166
复习题 …… 166
第八章 螺纹的车削 …… 167
第一节 螺纹的种类及各部分名称 …… 167

第二节　三角形螺纹的种类及尺寸计算 …… 169
第三节　矩形螺纹的各部分尺寸计算 …… 173
第四节　梯形螺纹的各部分尺寸计算 …… 175
第五节　螺纹车刀和装刀要求 …… 177
第六节　车螺纹时交换齿轮的计算和调整 …… 182
第七节　乱扣和预防方法 …… 185
第八节　车螺纹的方法 …… 187
第九节　套螺纹和攻螺纹 …… 198
第十节　螺纹的测量 …… 201
第十一节　车螺纹时的废品分析和安全技术 …… 203
第十二节　小滑板丝杆的车削工艺分析 …… 204
复习题 …… 209
附录 …… 211
附录A　车床类组系划分表 …… 211
附录B　工具圆锥尺寸 …… 215
附录C　常用的专用标准锥度 …… 216
附录D　普通螺纹基本尺寸 …… 217
附录E　英制螺纹基本尺寸 …… 219

第一章　车削的基本知识

第一节　车削的基本内容

车削是工件旋转作主运动和车刀作进给运动的切削加工方法。车削的加工范围很广，就其基本内容来说，如图 1-1 所示。可以车外圆（图 a）、车端面（图 b）、切断和车槽（图 c）、钻中心孔（图 d）、钻孔（图 e）、车孔（图 f）、铰孔（图 g）、车螺纹（图 h）、车圆锥面（图 i）、车成形面（图 j）、滚花（图 k）、盘绕弹簧（图 l）等。这些不同形状的工件都有一个共同的特点，即带有旋转表面。一般来说，机器中带旋转表面的工件所占的比例是很大的。在车床上如果装上其他附件和夹具，还能扩大使用范围，如镗削、磨削、研磨、抛光

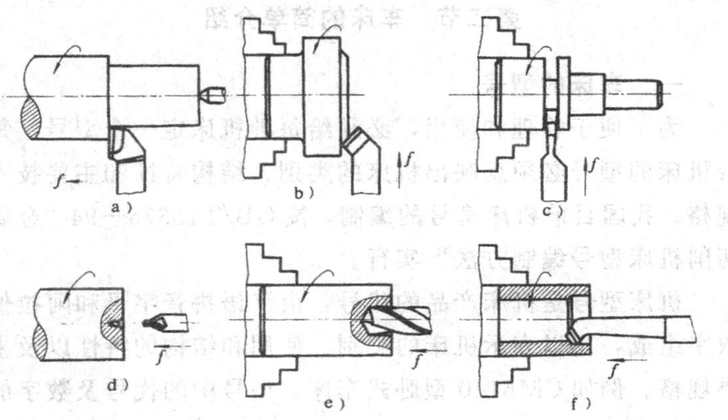

图 1-1　车削的基本内容

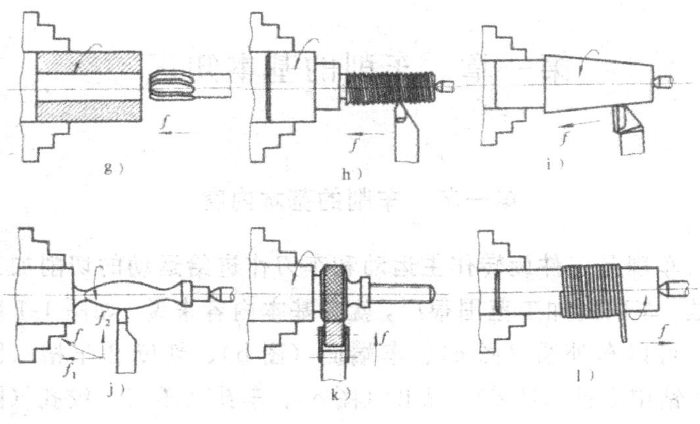

图 1-1 （续）

等。因此，车削在机械制造工业中占有十分重要的地位，车床亦是应用得很广泛的金属切削机床之一。

第二节 车床的简单介绍

一、车床的型号

为了便于管理和使用，必须给每种机床定一个型号。每台机床的型号必须反映出机床的类别、结构特征和主要技术规格。我国目前机床型号的编制，按 GB/T15375—94“金属切削机床型号编制方法”实行。

机床型号是机床产品的代号，由汉语拼音字母和阿拉伯数字组成，用以表示机床的类别、使用和结构的特性以及主要规格。例如 CM6140 型卧式车床，型号中的代号及数字的含义如下：

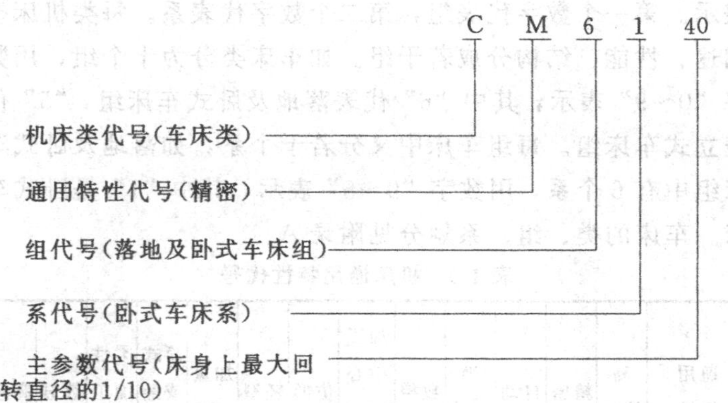

1. 机床的类代号　机床的类代号，用大写的汉语拼音字母表示，并按其相对应的汉字字意读音。例如“车床”用“C”表示，读音为“车”。机床类别代号见表1-1。

表1-1　机床类别代号

类　别	车床	钻床	镗床	磨　床			齿轮加工机床
代　号	C	Z	T	M	2M	3M	Y
读　音	车	钻	镗	磨	二磨	三磨	牙

类　别	螺纹加工机床	铣床	刨插床	拉床	锯床	其他机床
代　号	S	X	B	L	G	Q
读　音	丝	铣	刨	拉	割	其

2. 机床通用特性代号　当某类型机床，除有普通型式外，还有某种通用特性时，则在类代号之后加通用特性代号以区分。机床通用特性代号是用大写的汉语拼音字母来表示的。机床通用特性代号见表1-2。

3. 机床的组、系代号　机床的组、系用两位阿拉伯数字表示。第一个数字代表组，第二个数字代表系。每类机床按用途、性能、结构分成若干组。如车床类分为十个组，用数字“0～9”表示，其中“6”代表落地及卧式车床组，“5”代表立式车床组。每组车床中又分若干个系，如落地及卧式车床组中有 6 个系，用数字“0～5”表示，其中“1”是卧式车床。车床的类、组、系划分见附录 A。

表 1-2　机床通用特性代号

通用特性	高精度	精密	自动	半自动	数控	加工中心（自动换刀）	仿形	轻型	加重型	简式或经济型	柔性加工单元	数显	高速
代号	G	M	Z	B	K	H	F	Q	C	J	R	X	S
读音	高	密	自	半	控	换	仿	轻	重	简	柔	显	速

4. 主参数代号　机床型号中的主参数用折算值（主参数乘以折算系数）表示，它反映机床的主要技术规格。主参数的尺寸单位为 mm。如 CM6140 车床，主参数的折算后值为 40，折算系数为 1/10，即主参数（床身上最大回转直径）为 400mm。

5. 机床的重大改进顺序号　当机床的结构、性能有重大改进和提高，并须按新产品重新设计、试制和鉴定时，按其设计改进的次序分别用字母“A、B、C……”表示，附在机床型号的末尾，以区别于原机床型号。如 C6140A 表示经第一次重大改进的床身上最大回转直径为 400mm 的卧式车床。

我国的机床型号编制方法，曾作过多次修订和补充，对 1976 年以前已定型号，如 C618、C620-1 车床等。这些型号中只有组代号“6”无系代号，主参数是表示车床的中心高（折算系数也是 1/10）。机床的重大改进序号用数字 1、2、3……

按顺序选用，放在机床型号的末尾，并用“—”分开。如C620-1表示中心高为200mm经过第一次重大改进的卧式车床。

二、卧式车床各部分的名称和用途

车床要完成车削加工，必须具有一套带动工件作旋转运动和使刀具作直线运动的机构，并要求两者都能变速和变向。

卧式车床的各主要部分见图1-2。其名称和用途如下：

1. 床头部分

(1) 主轴箱　用来带动车床主轴及卡盘转动。变换箱外手柄的位置，可使主轴得到各种不同的转速。

(2) 卡盘　用来装夹并带动工件转动。

2. 交换齿轮箱　用来把主轴的转动传给进给箱。调换箱内的齿轮，并与进给箱配合，可以车削各种不同螺距的螺纹。

3. 进给部分

(1) 进给箱　利用箱内的齿轮机构，把主轴的旋转运动传给长丝杠或光杠。变换箱外手柄的位置，可以使长丝杠或光杠得到各种不同的转速。

(2) 长丝杠　用来车螺纹，它能通过溜板使车刀按要求的传动比作很精确的直线移动。

(3) 光杠　用来把进给箱的运动传给溜板箱，使车刀按要求的速度作直线进给运动。

4. 溜板部分

(1) 溜板箱　把长丝杠或光杠的转动传给床鞍、中滑板，变换箱外手柄的位置，经床鞍、中滑板使车刀作纵向或横向进给。

(2) 床鞍、中滑板和小滑板　床鞍在纵向车削时使用；中滑板在横向车削和控制背吃刀量时使用；小滑板在纵向车削较短的工件或车圆锥时使用。

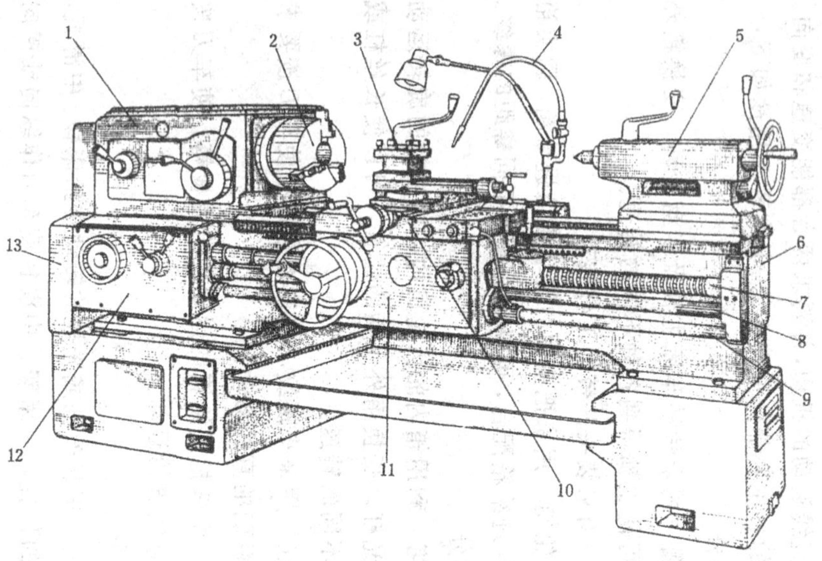

图 1-2　卧式车床

1—主轴箱　2—卡盘　3—刀架　4—切削液管　5—尾座　6—床身　7—长丝杠
8—光杠　9—操纵杠　10—床鞍　11—溜板箱　12—进给箱　13—交换齿轮箱

(3) 刀架　用来装夹刀具。

5. 尾座　用来装夹顶尖，支顶较长的工件。它还可以装夹各种切削刀具，如钻头、中心钻、铰刀等。

6. 床身　用来支持和安装车床的各个部件，如主轴箱、进给箱、溜板箱、溜板和尾座等。床身上面有两条精确的导轨。溜板和尾座可沿导轨面移动。

三、卧式车床的传动系统

图 1-3a 是卧式车床的传动系统示意图。电动机 1 输出的动力，经传动带 2 传给主轴箱。变换箱外手柄的位置，可使箱内不同的齿轮组 4 啮合，从而使主轴 5 得到不同的转速。主轴通过卡盘 6 带动工件旋转。

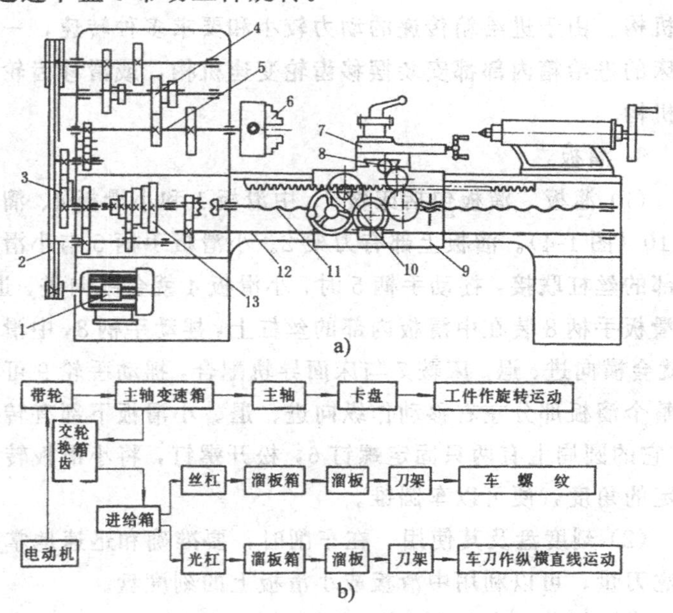

图 1-3　卧式车床的传动系统

a) 示意图　b) 框图

同时，主轴 5 的旋转通过交换齿轮 3、进给箱 13、光杠 12（或长丝杠 11）、齿轮齿条 10，使溜板箱 9 带动刀架 7 沿床身导轨作纵向进给。或通过齿轮 8 带动中滑板丝杠使中滑板作横向进给（或通过长丝杠 11 和开合螺母使溜板箱带动刀架作纵向进给）。

卧式车床的传动系统框图如图 1-3b 所示。

四、车床的主要结构

1. 主轴箱　又称主轴变速箱。箱内由几根轴以及装在轴上的滑移齿轮和离合器等零件组成变速机构。

2. 进给箱　进给箱的运动是由主轴箱经交换齿轮传来。为了得到多种进给量和螺距，进给箱内采用多种传动比的变速机构。由于进给箱传递的动力较小和要求多种转速，一般车床的进给箱内部都安装摆移齿轮变速机构，或滑移齿轮变速机构。

3. 溜板

（1）溜板　溜板包括床鞍 7、中滑板 1 和小滑板 4、溜板箱 10（图 1-4）。溜板上部有刀架 2。小滑板手柄 5 与小滑板内部的丝杠联接，摇动手柄 5 时，小滑板 4 就会纵向进、退。中滑板手柄 8 装在中滑板内部的丝杠上，摇动手柄 8，中滑板 1 就会横向进、退。床鞍 7 与床面导轨配合，摇动手轮 9 可以使整个溜板部分左右移动作纵向进、退。小滑板下部有转盘 3，它的圆周上有两只固定螺钉 6，松开螺钉，将小滑板转过一定的角度，便可以车圆锥。

（2）刻度盘及其使用　在车削时，要准确和迅速地掌握背吃刀量，可以利用中滑板或小滑板上的刻度盘。

中滑板刻度盘装在中滑板丝杠上。当中滑板摇手柄带着刻度盘转一周时，中滑板丝杠也转了一周，这时与丝杠配合的螺母也移动了一个螺距。螺母是固定在中滑板上的，所以中滑板上的刀架也移动了一个螺距。如果中滑板丝杠螺距为5mm，刻度盘圆周等分100格，当摇手柄转一周时，中滑板就移动5mm。当刻度盘转过一格时，中滑板移动了5÷100＝0.05mm，所以中、小滑板刻度盘每转过一格车刀移动的距离可按下式计算

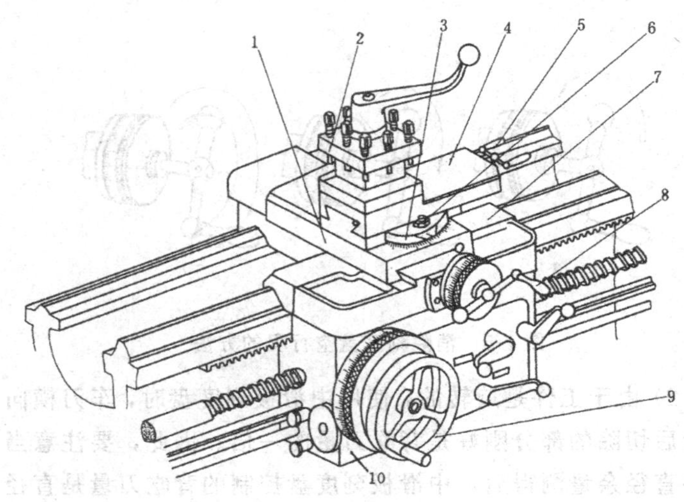

图1-4　卧式车床的溜板部分

1—中滑板　2—刀架　3—转盘　4—小滑板　5、8—手柄　6—螺钉　7—床鞍　9—手轮　10—溜板箱

$$a=\frac{P}{n} \tag{1-1}$$

式中　a——刻度盘转过一格车刀移动的距离（mm）；

P——溜板丝杠螺距（mm）；

n——刻度盘圆周上等分的格数。

应用中、小滑板刻度盘时，必须注意：

1）由于丝杠和螺母之间总有间隙存在，因此转动时会产生空行程（即刻度盘转动而溜板并未移动）。使用时，必须慢慢地把刻度盘转到所需要的位置（图 1-5a）。若多转过几格，绝对不能简单地直接退回多转的格数（图 1-5b），必须向相反方向退回全部空行程，再将刻度转到正确的位置（图 1-5c）。

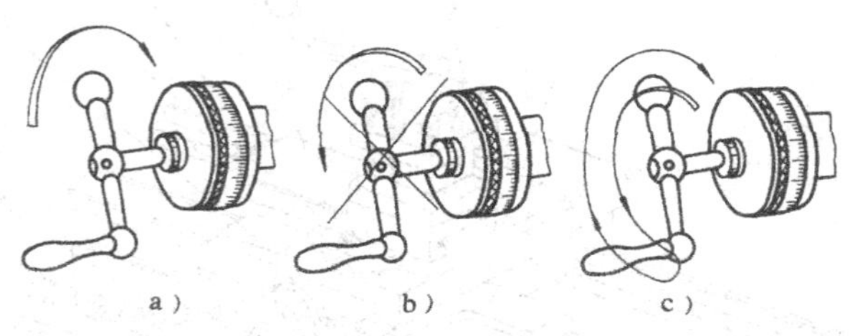

图 1-5　消除刻度盘空行程的方法

2）由于工件是旋转的，使用中滑板刻度盘时，车刀横向进给后切除的部分刚好是背吃刀量的一倍。因此，要注意当工件直径余量测得后，中滑板刻度盘控制的背吃刀量是直径余量的二分之一。而小滑板刻度盘的刻度值，则直接表示工件长度方向的切除量。

4. 尾座　尾座由尾座体 7、底座 8、套筒 3 等组成（图 1-6）。

尾座套筒 3 的锥孔里可以安装顶尖 1，用来支顶较长的工件。摇动手轮 6 时，丝杠 4 也随着旋转。丝杠与套筒后端的内螺纹配合。套筒上有一条键槽与尾座体壳内的键配合，使套筒不能转动，所以摇动手轮 6 时，套筒只能前后移动。如果把手柄 2 扳紧，就能把套筒 3 锁住不动。

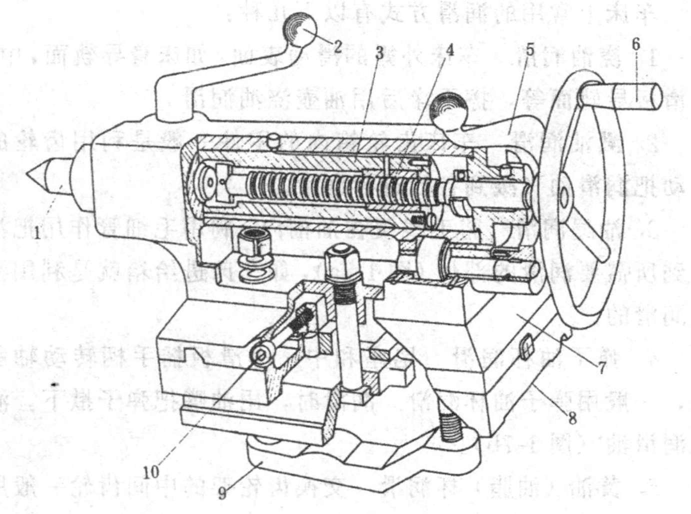

图 1-6　车床尾座

1—顶尖　2、5—手柄　3—套筒　4—丝杠　6—手轮　7—尾座体　8—底座　9—压板　10—螺钉

为了改变尾座和床头之间的距离以适应支顶不同长度的工件，底座 8 连同尾座体可以沿床身导轨移动。扳动手柄 5，利用内部的偏心轴拉动压板 9，可把尾座固定在所需要的位置上。

螺钉 10 是调整尾座中心用的。要把顶尖（或其他切削刀具）从尾座套筒中取出时，可反摇手轮 6，当摇到极限位置时，丝杠端部就能把顶尖顶出。

第三节　车床的润滑和一级保养

一、车床的润滑

要使车床保持正常运转和减少磨损，必须经常对车床的所有摩擦部分进行润滑。

车床上常用的润滑方式有以下几种：

1. 浇油润滑　车床外露的滑动表面，如床身导轨面，中、小滑板导轨面等，擦干净后用油壶浇油润滑。

2. 溅油润滑　车床齿轮箱内的零件一般是利用齿轮的转动把润滑油飞溅到各处进行润滑。

3. 油绳润滑　将毛线浸在油槽内，利用毛细管作用把油引到所需要润滑的部位（图 1-7a），如车床进给箱就是利用油绳润滑的。

4. 弹子油杯润滑　尾座和中、小滑板摇手柄转动轴承处，一般用弹子油杯润滑。润滑时，用油嘴把弹子揿下，滴入润滑油（图 1-7b）。

5. 黄油（油脂）杯润滑　交换齿轮架的中间齿轮一般用黄油杯润滑。润滑时，先在黄油杯中装满工业润滑脂。旋转油杯盖时，润滑油就会挤入轴承套内（图 1-7c）。

6. 油泵循环润滑　这种方式是依靠车床内的油泵供应充足的油量来润滑的。

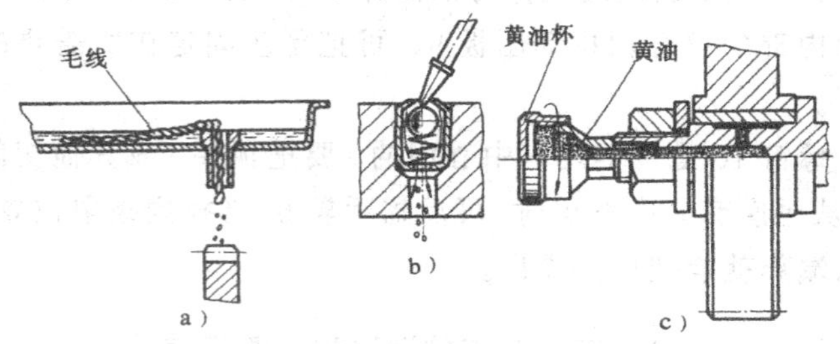

图 1-7　润滑的几种方式

a）油绳润滑　b）弹子油杯润滑　c）黄油杯润滑

图 1-8 是 C6140A 型卧式车床的润滑系统位置示意图。润滑部位用数字标出，除了图中所注②处的润滑部位用 2 号

钙基润滑脂进行润滑外，其余部位都使用L—AN46 全损耗系统用油。换油时，先将废油放净后用干净煤油将箱体内部和油绳彻底洗净。注入的油应该用网过滤，油面不得低于油标中心线。

图 1-8 中㊻表示L—AN46 全损耗系统用油，②表示 2 号钙基润滑脂，$\frac{46}{50}$表示油类/两班制换（添）油天数。

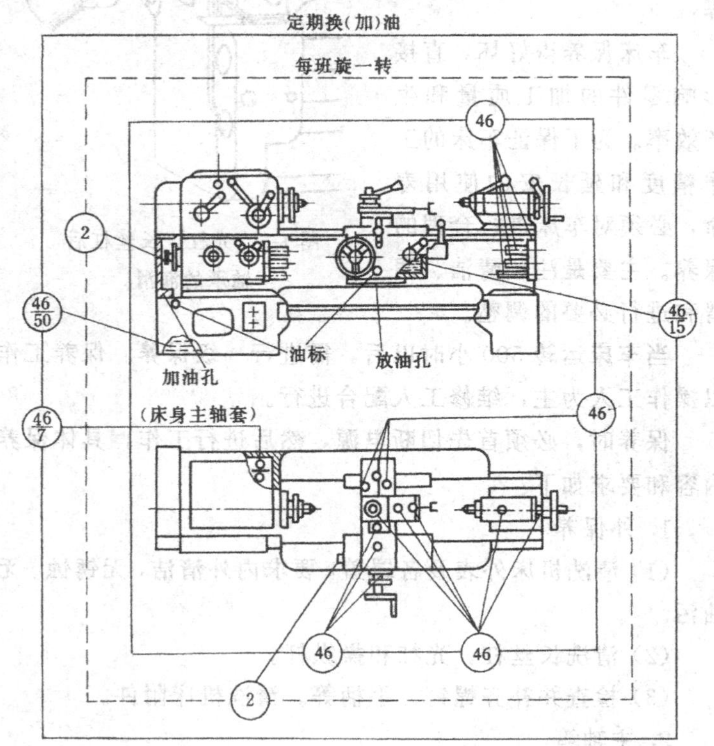

图 1-8 C6140A 型卧式车床润滑系统位置

刀架和中滑板丝杠用油枪加油。尾座套筒和丝杠、螺母的润滑可用油枪每班加油一次。由于长丝杠和光杠的转速较高，润滑条件较差，必须注意每班加油，润滑油可从轴承座上面的方腔中加入（图 1-9）。

此外，床身导轨、溜板导轨和丝杠在工作前和工作后都必须擦净加油。

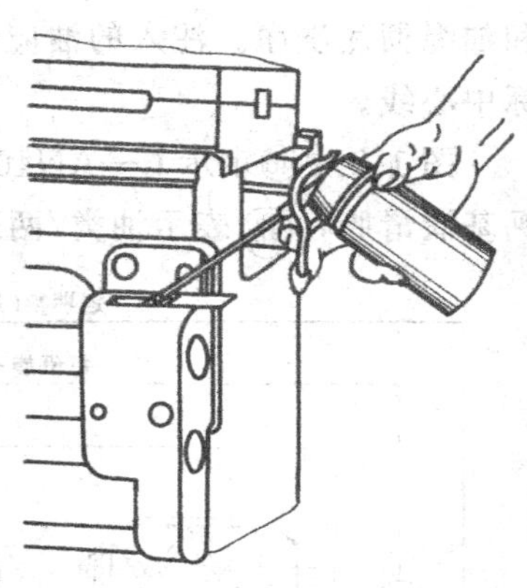

图 1-9 光杠、长丝杠后轴承的润滑

二、卧式车床的一级保养

车床保养得好坏，直接影响零件的加工质量和生产效率。为了保证车床的工作精度和延长安的使用寿命，必须对车床进行合理的保养。主要是注意清洁、润滑和进行必要的调整。

当车床运转 500 小时以后，需进行一级保养。保养工作以操作工人为主，维修工人配合进行。

保养时，必须首先切断电源，然后进行工作，具体保养内容和要求如下：

1. 外保养

(1) 清洗机床外表及各罩盖，要求内外清洁，无锈蚀、无油污。

(2) 清洗长丝杠、光杠和操纵杆。

(3) 检查并补齐螺钉、手柄等。清洗机床附件。

2. 主轴箱

(1) 清洗滤油器和油箱，使其无杂物。

(2) 检查主轴，并检查螺母有无松动。紧固螺钉应锁紧。

(3) 调整摩擦片间隙及制动器。

3. 溜板

(1) 清洗刀架。调整中、小滑板镶条间隙。

(2) 清洗并调整中、小滑板丝杆螺母间隙。

4. 交换齿轮箱

(1) 清洗齿轮、轴套并注入新油脂。

(2) 调整齿轮啮合间隙。

(3) 检查轴套有无晃动现象。

5. 尾座　清洗尾座，保持内外清洁。

6. 润滑系统

(1) 清洗冷却泵、滤油器、盛液盘。

(2) 清洗油绳、油毡，保证油孔、油路清洁畅通。

(3) 检查油质是否良好，油杯要齐全，油窗应明亮。

7. 电器部分

(1) 清扫电动机、电器箱。

(2) 电器装置应固定，并清洁整齐。

第四节　文明生产与安全技术

一、文明生产

除了对车床定期进行保养以外，在操作时还必须做到：

(1) 开车前，应检查车床各部分机构是否完好，有无防护设备。各传动手柄是否放在空档位置，变速齿轮的手柄位置是否正确，以防开车时因突然撞击而损坏车床。车床启动后，应使主轴低速空转1～2分钟，使润滑油散布到各处（冬季尤为重要），等车床运转正常后才能工作。

(2) 工作中主轴需要变速时，必须先停车。变换进给箱手柄位置要在低速时进行。使用电器开关控制正、反转的车床，不准用正、反转作紧急停车，以免损坏车床。

(3) 为了保持长丝杠的精度，除车螺纹外，不得用长丝杠进行机动进给。

(4) 不允许在卡盘上、床身导轨上敲击或校直工件；床面上不准放工具或工件。

(5) 装夹、找正较重的工件时，应该用木板保护床面。下班时若工件不卸下，要用千斤顶支承。

(6) 车刀磨损后应及时刃磨。用钝刃车刀继续切削会增加车床负荷，甚至损坏机床。

(7) 车削铸件、气割下料的工件，导轨上的润滑油应擦去，工件上的型砂杂质应去除，以免磨坏床面导轨。

(8) 使用切削液时，要在车床导轨上涂上润滑油，冷却泵中的切削液应定期更换。

(9) 工作完毕，应清除车床上及车床周围的切屑及切削液，擦净后按规定在加油部位加注润滑油.

(10) 下班后，将床鞍摇至床尾一端。各传动手柄放在空档位置，关闭电源。

正确组织工作位置应做到：

(1) 工作时所用的工、夹、量具以及工件，应尽可能靠近和集中在操作者的周围。布置物件时，用右手拿的放右边，左手拿的放左边；常用的放近些，不常用的放远些。物体放置应有固定位置，使用后要放回原处。

(2) 工具箱内应分类布置，并保持清洁、整齐。要求小心使用的物件要放置稳妥，重的东西放下面，轻的放上面。

(3) 图样、工艺卡应放得便于阅读，并注意保持清洁和完整。

(4) 毛坯、半成品和成品应分开，并按次序排列整齐，使之放置或拿取方便而不必经常弯身。

(5) 工作位置周围应经常保持清洁整齐。

此外，还应做到正确使用工具和爱护量具：

(1) 每件工具应放在固定位置，应当根据工具的用途来使用。例如，不能用扳手代替手锤，不能用钢直尺代替螺钉旋具等。

(2) 爱护量具，经常保持清洁，用后擦净、涂油，放入盒内并及时归还工具室。

二、安全技术

操作时必须提高执行纪律的自觉性，遵守规章制度，并严格遵守下列安全技术：

(1) 工作时应穿工作服，戴袖套。女同志应戴工作帽，头发或辫子应塞入帽内。

(2) 工作时，头不应靠得工件太近，以防切屑溅入眼内。车削崩碎状切屑的工件时，必须戴防护眼镜。

(3) 工作时必须集中精力，不允许擅自离开车床或做与车床工作无关的事。身体和手不能靠近正在旋转的工件或车床部件。

(4) 工件和车刀必须装夹牢固，以防飞出发生事故。卡盘必须装有保险装置。

(5) 不准用手去刹住转动着的卡盘。

(6) 车床开动时，不能测量工件，也不能用手去摸工件的表面。

(7) 应该用专用的钩子清除切屑，绝对不允许用手直接清除。

(8) 工件装夹完毕，应随手取下卡盘扳手。棒料伸出主轴后端过长时，应使用料架或挡板。

(9) 在车床上工作时不准戴手套。

(10) 不准任意装拆电器设备。

复 习 题

1. 车床能加工哪些类型的零件?

2. 机床型号一般反映哪些内容?说明C6136机床型号的含义。

3. 卧式车床由哪些主要部分组成?

4. 溜板上装有什么?各有什么用途?

5. C620-1型车床中滑板丝杠螺距为5mm,刻度盘圆周等分100格,求刻度盘转过40格时车刀移动的距离?工件直径车小多少mm?

6. 车床上常用哪几种润滑方式?

7. 为什么要对车床进行一级保养?

8. 车工必须注意哪些安全技术?

第二章　切削原理的基本知识

第一节　车　　刀

一、常用车刀的种类和用途

1. 车刀的种类　车刀按用途不同可分为外圆车刀、端面车刀、切断刀、内孔车刀、圆头车刀和螺纹车刀等（图 2-1）。

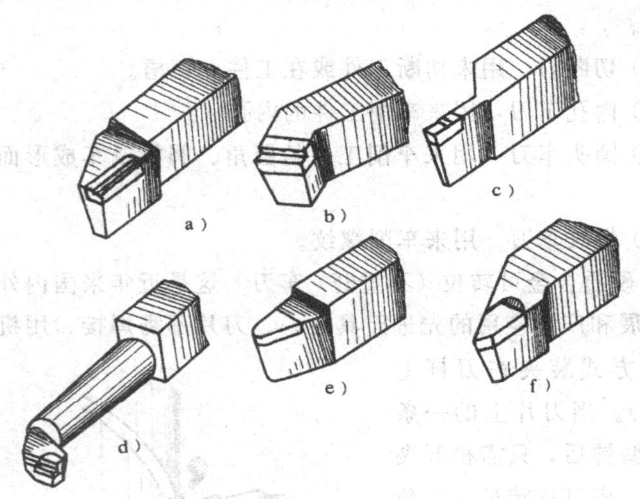

图 2-1　常用车刀

a）90°车刀　b）45°车刀　c）切断刀　d）内孔车刀　e）圆头车刀　f）螺纹车刀

2. 车刀的用途　常用车刀的基本用途见图 2-1 和图 2-2。

（1）90°车刀（偏刀）　用来车削工件的外圆、台阶和端面。

（2）45°车刀（弯头车刀）　用来车削工件的外圆、端面

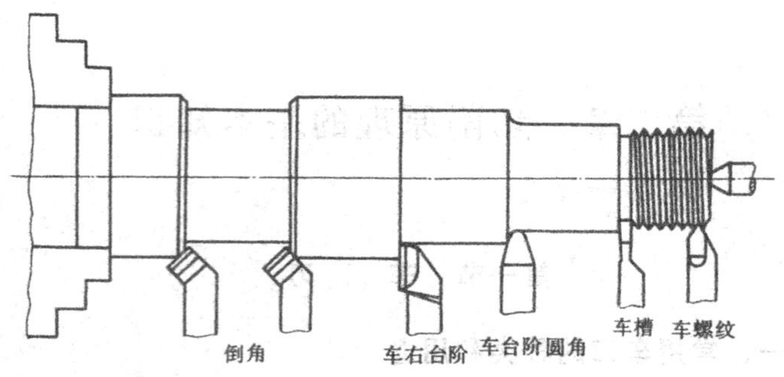

图 2-2 常用车刀的用途

和倒角。

(3) 切断刀　用来切断工件或在工件上切槽。

(4) 内孔车刀　用来车削工件的内孔。

(5) 圆头车刀　用来车削工件的圆角、圆槽或车成形面工件。

(6) 螺纹车刀　用来车削螺纹。

3. 硬质合金可转位（不重磨）车刀　这是近年来国内外大力发展和广泛应用的先进刀具之一。刀片不需焊接，用机械夹固方式装夹在刀杆上（图 2-3）。当刀片上的一条切削刃磨钝后，只需松开夹紧装置，将刀片转过一个角度，即可用新的切削刃继续切削，从而大大缩短换刀和磨刀时间，并提高刀杆利用率。

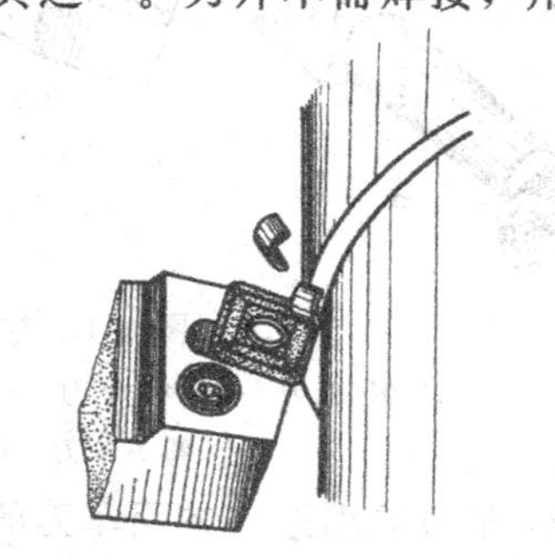

图 2-3 硬质合金可转位车刀的工作情况

硬质合金可转位车刀

根据加工内容的不同，选用不同形状和角度的刀片（如正三边形、凸三边形、四边形、五边形等刀片）可组成外圆车刀、端面车刀、切断刀、内孔车刀、螺纹车刀等。

二、车削的基本概念

1. 切削运动　在切削加工中，为了切去多余的金属，必须使工件和刀具作相对的切削运动。按照在切削过程中的作用，切削运动分主运动和进给运动，见图 2-4。

（1）主运动　由机床或人力提供的主要运动，它促使刀具和工件之间产生相对运动，从而使刀具前面接近工件。

（2）进给运动　由机床或人力提供的运动，它使刀具和工件之间产生附加的相对运动，加上主运动，即可不断地或连续地切除切屑，并得出具有所需几何特性的已加工表面。

车削时，工件的旋转是主运动。通常，主运动的速度较高，消耗的切削功率较大。车刀沿着所要形成的工件表面的纵向或横向移动是进给运动。

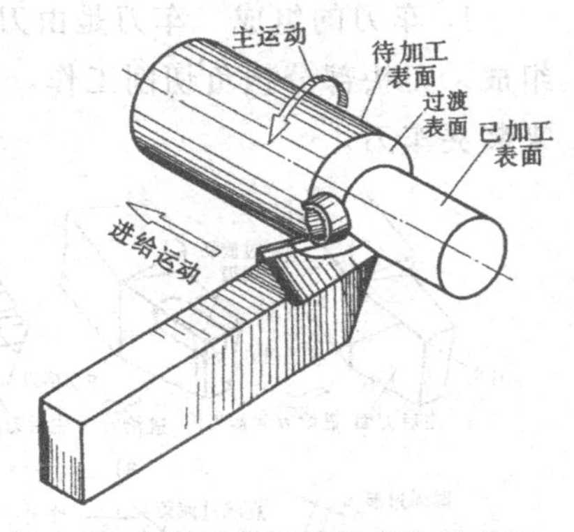

图 2-4　车削时的运动和产生的表面

2. 切削时工件上的三个表面　车刀在切削工件时，使工件上形成已加工表面、过渡表面和待加工表面，见图 2-4。

（1）已加工表面　工件上经刀具切削后产生的表面。

（2）待加工表面　工件上有待切除的表面。

（3）过渡表面　工件上由切削刃形成的那部分表面，它在下一切削行程，刀具或工件的下一转里被切除，或者由下一切削刃切除。

图 2-5 表示几种车削加工时，工件上形成的三个表面。

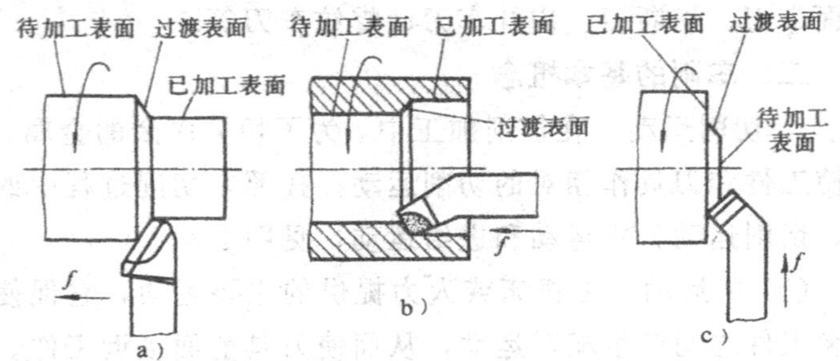

图 2-5 工件上的三个表面

a) 车外圆 b) 车孔 c) 车端面

三、车刀的几何形状

1. 车刀的组成 车刀是由刀头（或刀片）和刀柄两部分组成。刀头部分担负切削工作，所以又称切削部分。刀柄用来装夹车刀。

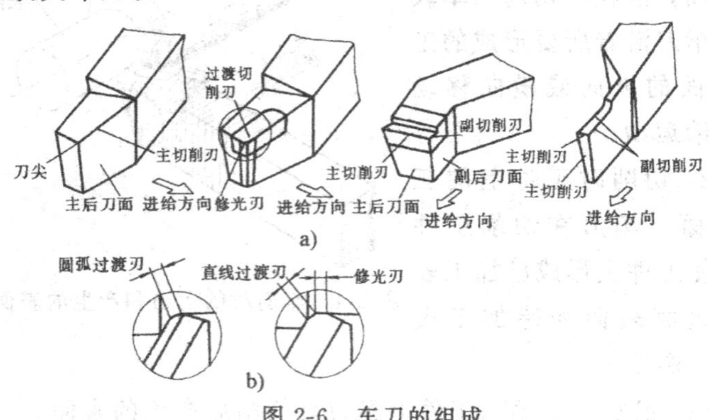

图 2-6 车刀的组成

a) 车刀的组成 b) 过渡刃

车刀的刀头由以下几部分组成，见图 2-6：

(1) 前刀面（前面） 刀具上切屑流过的表面。

(2) 后刀面(后面) 与工件上切削中产生的表面相对的表面。分主后刀面和副后刀面。同前面相交形成主切削刃的是主后刀面；同前面相交形成副切削的是副后刀面。

(3) 切削刃 刀具前面上拟作切削用的刃。

(4) 主切削刃 起始于切削刃上主偏角为零的点，并至少有一段切削刃拟用来在工件上切出过渡表面的那个整段切削刃。

主切削刃担负主要的切削工作。

(5) 副切削刃 切削刃上除主切削刃以外的刃，亦起始于主偏角为零的点，但它向背离主切削刃的方向延伸。

副切削刃配合主切削刃完成切削工作。

(6) 刀尖 指主切削刃与副切削刃的连接处相当少的一部分切削刃。为了提高刀尖强度，很多刀具都在刀尖处磨出圆弧型或直线型过渡刃（图 2-6b)。圆弧过渡刃又称刀尖圆弧。一般硬质合金车刀的刀尖圆弧半径 $r_\varepsilon=0.5\sim1\text{mm}$。

(7) 修光刃 副切削刃近刀尖处一小段平直的切削刃(图 2-6b)。装刀时必须使修光刃与进给方向平行，且修光刃长度必须大于工件每转一转车刀沿进给方向的移动量，才能起修光作用。

任何车刀都有上述组成部分，但数量不完全相同。如典型的外圆车刀有三个刀面、两条切削刃和一个刀尖（图 2-6a)。切断刀就有四个刀面(两个副后刀面)、三条切削刃和两个刀尖(图 2-6a)。此外，切削刃可以是直线，也可以是曲线，如车成形面的成形车刀的切削刃就是曲线。

2. 确定车刀角度的辅助平面 为了确定和测量车刀的角度，需要建立以下几个假想的辅助平面为基准，见图 2-7。

(1) 基面（p_r） 过切削刃选定点的平面，它平行或垂直于刀具在制造、刃磨及测量时适合于安装或定位的一个平面或轴线，一般说来其方位要垂直于假定的主运动方向(图 2-7)。

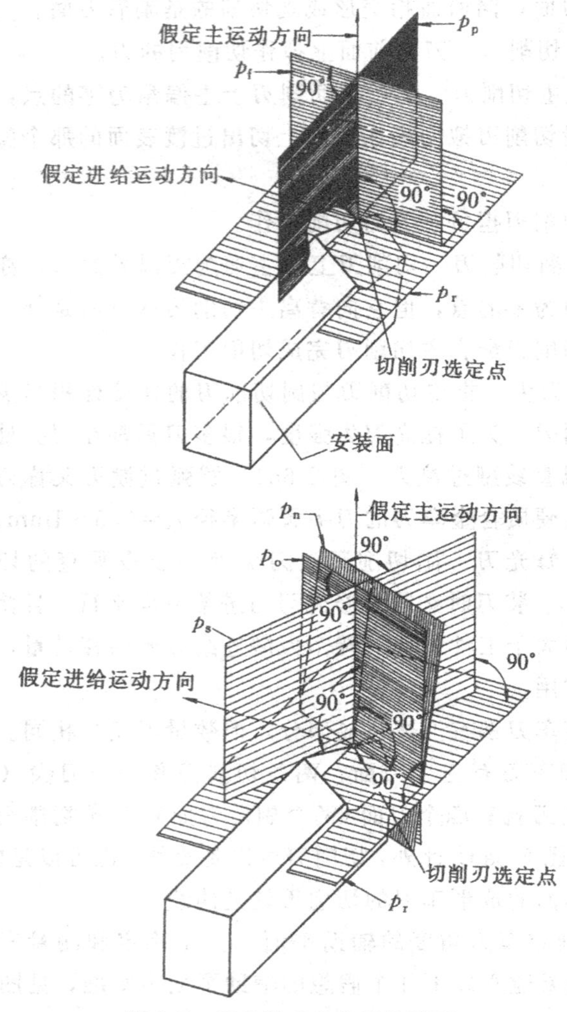

图 2-7 刀具静止参考系的平面

(2) 切削平面(p_s) 通过切削刃选定点与切削刃相切并垂直于基面的平面(图 2-7)。

(3) 正交平面(p_o) 通过切削刃选定点并同时垂直于基面和切削平面的平面(图 2-7)。

(4) 法平面(p_n) 通过切削刃选定点并垂直于切削刃的平面(图 2-7)。

(5) 假定工作平面(p_f) 通过切削刃选定点并垂直于基面,它平行或垂直于刀具在制造、刃磨及测量时适合于安装或定位的一个平面或轴线,一般说来其方位要平行于假定的进给运动方向(图 2-7)。

(6) 背平面(p_p) 通过切削刃选定点并垂直于基面和假定工作平面的平面(图 2-7)。

3. 车刀的角度和主要作用 车刀切削部分共有六个独立的基本角度:前角(γ_o)、主后角(α_o)、副后角(α'_o)、主偏角(κ_r)、副偏角(κ'_r)和刃倾角(λ_s)。外圆车刀的角度标注方法见图 2-8。

(1) 前角(γ_o) 前刀面与基面之间的夹角,在正交平面中测量。前角影响刃口的锋利和强度、影响切削变形和切削力。增大前角能使车刀刃口锋利,减少切削变形,可使切削省力,并使切屑容易排出。

(2) 后角(α_o) 后刀面与切削平面之间的夹角,在正交平面中测量。副后面与切削平面间的夹角则为副后角(α'_o)后角的作用主要是减少后刀面与工件之间的摩擦。

(3) 主偏角(κ_r) 主切削平面与假定工作平面间的夹角,在基面中测量。主偏角的主要作用是可以改变主切削刃和刀头的受力情况和散热条件。

(4) 副偏角(κ'_r) 副切削平面与假定工作平面间的夹

角，在基面中测量。副偏角的主要作用是减少副切削刃与工件已加工表面之间的摩擦。

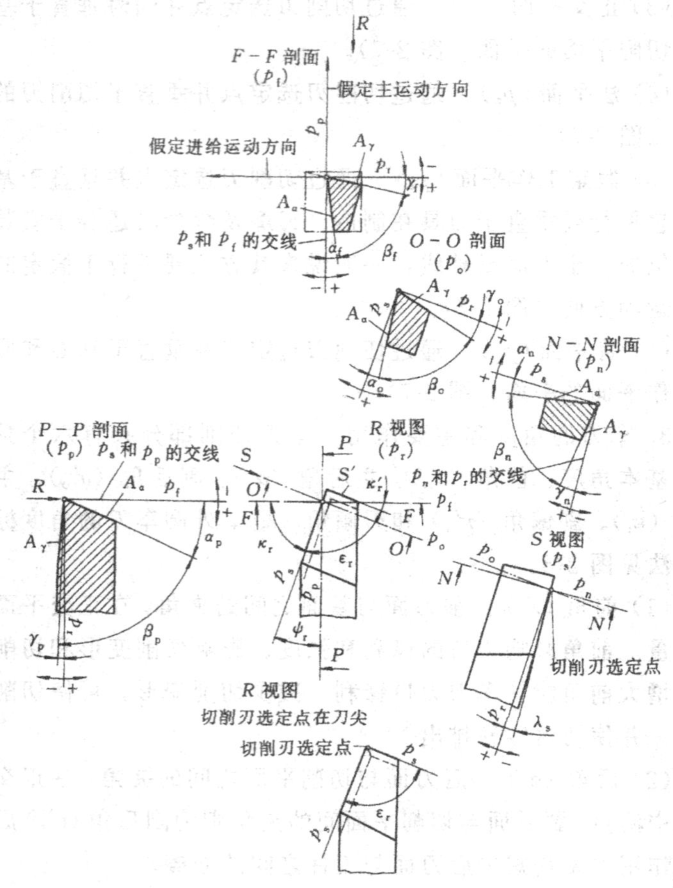

图 2-8 车刀角度的标注方法

(5) 刃倾角 (λ_s) 主切削刃与基面之间的夹角，在主切削平面中测量。刃倾角的主要作用是可以控制切屑的排出方向；当刃倾角为负值时，还可增加刀头强度和当车刀受冲击时保护刀尖。

刃倾角有正值、负值和零度三种。当刀尖是主切削刃的最高点时，刃倾角为正值（图 2-9b）。切削时，切屑排向工件待加工表面，车出的工件表面粗糙度较细，但刀尖强度较差。当刀尖是主切削刃的最低点时，刃倾角为负值（图 2-9c）。切削时，切屑排向工件已加工表面，容易擦毛已加工表面，但刀尖强度好，在车削有冲击的工件时，冲击点先接触在远离刀尖的切削刃处，从而保护了刀尖（图 2-9d），当主切削刃与基面平行时，刃倾角等于零度（图 2-9a）。切削时，切屑基本上垂直于主切削刃方向排出。

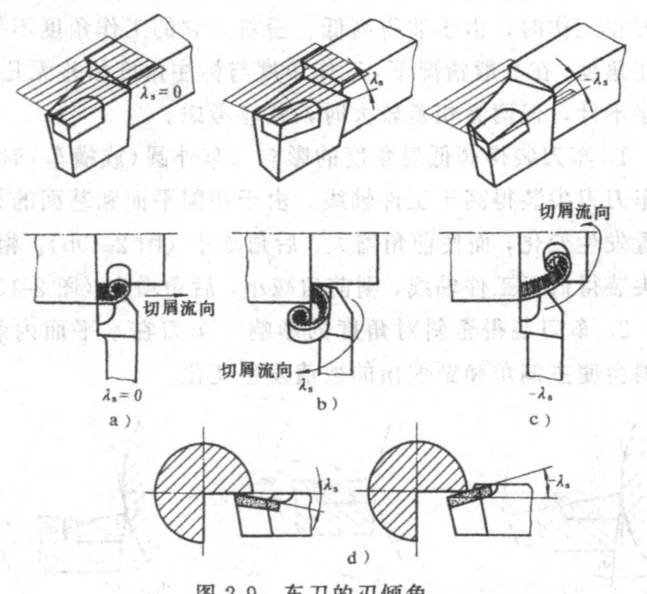

图 2-9　车刀的刃倾角

a）、b）、c）控制排屑方向　d）车刀受冲击时保护刀尖

车刀除了上述六个基本角度外，还可以计算出两个常用的派生角度：

(6) 楔角（β_o） 前面与后面间的夹角，在正交平面中测量。它影响刀头的强度，楔角可用下式计算

$$\beta_o = 90° - (\gamma_o + \alpha_o) \tag{2-1}$$

(7) 刀尖角(ε_r) 主切削平面和副切削平面间的夹角，在基面中测量。它影响刀尖强度和散热条件，刀尖角可用下式计算

$$\varepsilon_r = 180° - (\kappa_r + \kappa'_r) \tag{2-2}$$

四、车刀的工作角度

前面介绍的是车刀静止状态的角度（即标注角度），它们是假设刀尖对准工件轴线，进给量为零的条件下规定的角度。车刀在工作时，由于装得高低、歪斜，它的工作角度不等于标注角度。在一般情况下，工作角度与标注角度相差无几，可忽略不计，但两者相差较大时，就应考虑。

1. 车刀装得高低对角度的影响 车外圆（或横车）时，如果车刀刀尖装得高于工件轴线，由于切削平面和基面的相对位置发生变化，而使前角增大，后角减小（图 2-10b）。相反，刀尖装得低于工件轴线，则前角减小，后角增大（图 2-10c）。

2. 车刀装得歪斜对角度的影响 车刀在水平面内装夹歪斜会使主偏角和副偏角的数值发生变化。

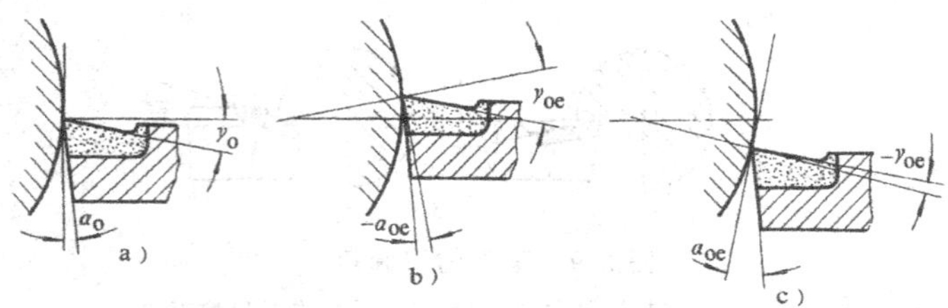

图 2-10 车外圆时车刀装得高低对前角和后角的影响

a）刀尖对准工件轴线 b）刀尖高于工件轴线 c）刀尖低于工件轴线

一般车刀装得略为歪斜，对加工影响不大。但对螺纹车刀、切断刀或精车刀影响就较大。螺纹车刀若装夹歪斜，会产生螺纹牙型半角误差；切断刀装夹歪斜，会使工件切断面不平，甚至使刀头折断；精车刀装夹歪斜，会影响工件的表面粗糙度。

五、车刀角度的初步选择

1. 前角　前角的数值与工件材料、加工性质和刀具材料有关。选择前角的大小主要根据以下几个原则：

(1) 车削塑性金属时可取较大的前角；车削脆性金属时应取较小的前角。工件材料软，可选择较大的前角；工件材料硬，应选择较小的前角。

(2) 粗加工，尤其是车削有硬皮的铸、锻件时，为了保证切削刃有足够的强度，应取较小的前角；精加工时，为了得到较细的表面粗糙度，一般应取较大的前角。

(3) 车刀材料的强度、韧性较差，前角应取小些；反之，前角可取得较大。

车刀前角的参考数值见表 2-1。

表 2-1　车刀前角的参考数值

工件材料	刀具材料	
	高速钢	硬质合金
	前角 (γ_o) / (°)	
灰铸铁 HT150	0～5	5～10
高碳钢和合金钢 (σ_b=800～1000MPa)	15～25	5～10
中碳钢和中碳合金钢 (σ_b=600～800MPa)	25～30	10～15
低碳钢	30～40	25～30
铝及镁的轻合金	35～45	30～35

2. 后角　后角太大会降低车刀的强度；后角太小，会增加后刀面与工件的摩擦。选择后角主要根据以下几个原则：

（1）粗加工时，应取较小的后角（硬质合金车刀：$\alpha_o=5°\sim7°$；高速钢车刀：$\alpha_o=6°\sim8°$）；精加工时，应取较大的后角（硬质合金车刀：$\alpha_o=8°\sim10°$；高速钢车刀：$\alpha_o=8°\sim12°$）。

（2）工件材料较硬，后角应取小些；工件材料较软，后角可取大些。

副后角（α'_o）一般磨成与主后角（α_o）相等。

3. 主偏角　常用的车刀主偏角有 45°、60°、75°和 90°等几种。

选择主偏角首先应考虑工件的形状。如加工台阶轴之类的工件，车刀主偏角必须等于或大于 90°；加工中间切入的工件，一般选用 45°～60°的主偏角。

4. 副偏角　减小副偏角，可以减小工件的表面粗糙度。相反，副偏角太大时，刀尖角（ε_r）就减小，影响刀头强度。

副偏角一般为 6°～8°左右。当加工中间切入的工件时，副偏角应取得较大（$\kappa'_r=45°\sim60°$）。

5. 刃倾角　一般车削时（指工件圆整、切削厚度均匀），取零度的刃倾角；断续切削和强力切削时，为了增加刀头强度，应取负的刃倾角；精车时，为了减小工件的表面粗糙度，刃倾角应取正值。

六、常用的车刀材料

1. 对车刀材料的性能要求　车刀切削部分在很高的切削温度下工作，连续经受强烈的摩擦，并承受很大的切削力和冲击力，所以车刀切削部分的材料必须具备下列基本性能：

（1）硬度高　作为车刀材料的常温硬度一般要求在 60HRC 以上。

（2）耐磨性好　车刀的耐磨性是表示车刀材料抗磨损的能力。一般刀具材料的硬度越高，耐磨性亦越好。

（3）耐热性好　耐热性是指车刀在高温下仍能正常切削的性能。它是评定刀具材料切削性能好坏的重要标志。

（4）足够的强度和韧性　为了承受较大的切削力或冲击力，车刀材料必须有足够的强度和韧性，才能防止脆裂和崩刃。

2. 常用的车刀材料　目前常用的车刀材料有高速钢和硬质合金两大类。

（1）高速钢　高速钢是一种含钨（W）、铬（Cr）、钒（V）等合金元素较多的工具钢。高速钢刀具制造简单，刃磨方便，磨出的刀具刃口锋利，而且韧性比硬质合金高，能承受较大的冲击力，因此常用于承受冲击力较大的场合。高速钢也常作为小型车刀（自动车床、仪表车床用刀具）、梯形螺纹精车刀以及成形刀具的材料。但高速钢的耐热性较差，因此不能用于高速切削。

常用的高速钢牌号是W18Cr4V（每个化学元素后的数字，是指材料中含该元素的百分数）。

（2）硬质合金　硬质合金是钨和钛（Ti）的碳化物粉末加钴（Co）作为粘结剂，高压压制成型后再高温烧结而成的粉末冶金制品。

硬质合金在1000℃左右的高温下仍能保持良好的切削性能，它的硬度较高，耐磨性也很好，因此可选用比高速钢刀具高几倍甚至几十倍的切削速度，并能切削高速钢刀具无法切削的难加工材料。

硬质合金的缺点是韧性较差、性较脆、怕冲击。但这一缺陷，可以通过刃磨合理的刀具角度来弥补。所以硬质合金是目前应用最广泛的一种车刀材料。

硬质合金按其成分不同，常用的有钨钴合金和钨钛钴合金两类。

钨钴类硬质合金由碳化钨（WC）和钴组成。它的代号是YG。这类合金的韧性较好，因此适用于加工铸铁，脆性铜合金等脆性材料或冲击性较大的场合。

钨钴类合金按不同的含钴量，分为YG3、YG6、YG8等多种牌号。牌号后的数字表示含钴量的百分数，其余是碳化钨。一般情况下，YG8用于粗加工，YG6用于半精加工，YG3用于精加工。

钨钛钴类硬质合金由碳化钨、钴和碳化钛（TiC）组成。它的代号是YT。这类合金的耐磨性和抗粘附性较好，能承受较高的切削温度，所以适用于加工钢或其他韧性较大的塑性材料。但由于它较脆。不耐冲击，因此不适宜加工脆性材料。

钨钛钴类硬质合金按不同的含碳化钛量，分为YT5、YT15、YT30等几种牌号，牌号后的数字表示碳化钛含量的百分数。一般情况下，YT5用于粗加工，YT15用于半精加工和精加工，YT30用于精加工。

第二节　切削用量的基本概念

切削用量是在切削加工过程中的切削速度、进给量和背吃刀量的总称。合理地选择切削用量能有效地提高生产效率。

一、切削用量

1. 背吃刀量（a_p）　在通过切削刃基点并垂直于工作平面的方向上测量的吃刀量，对车削是指工件已加工表面和待加工表面间的垂直距离（图2-11）。也就是每次进给时车刀切

入工件的深度（单位：mm）。背吃刀量的计算公式如下

$$a_{P}=\frac{D-d}{2} \tag{2-3}$$

式中　a_{P}——背吃刀量（mm）；

D——工件待加工表面的直径（mm）；

d——工件已加工表面的直径（mm）。

例 1　已知工件直径为 100mm，现用一次进给车至直径为 94mm，求背吃刀量。

解　根据公式（2-3）

$$a_{P}=\frac{D-d}{2}=\frac{100\text{mm}-94\text{mm}}{2}=3\text{mm}$$

2. 进给量（f）　刀具在进给运动方向上相对工件的位移量，可用刀具或工件每转或每行程的位移量来表达和度量。对车削是指工件每转一转，车刀沿进给方向移动的距离（图 2-11）。它是衡量进给运动大小的参数（单位：mm/r）。

进给量有纵进给量和横进给量两种：沿车床床身导轨方向的是纵进给量；垂直于车床床身导轨方向的是横进给量。

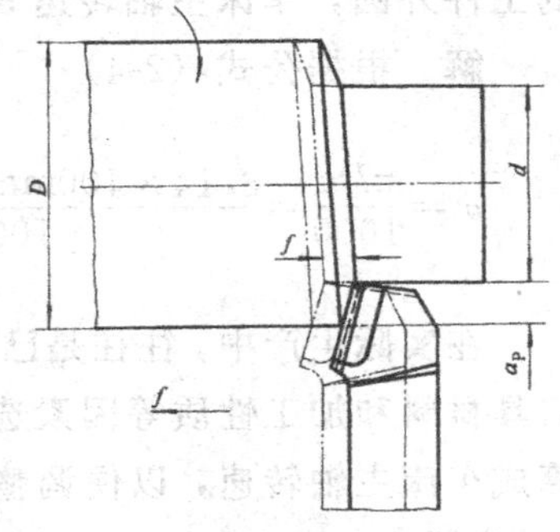

图 2-11　背吃刀量和进给量

3. 切削速度（v_c）　切削刃选定点相对于工件的主运动的瞬时速度。也可以理解为车刀在一分钟内车削工件表面的理论展开直线长度（假定切屑无变形或收缩）（图 2-12）。它是衡量主运动大小的参数（单位：m/min）。

切削速度的计算公式如下

$$v_c=\frac{\pi Dn}{1000} \tag{2-4}$$

或
$$v\approx\frac{Dn}{318} \tag{2-5}$$

式中 v_c——切削速度（m/min）；

D——工件待加工表面直径（mm）；

n——车床主轴每分钟转数（r/min）。

车削时，工件作旋转运动，不同直径处的各点切削速度不同。在计算时，应以最大的切削速度为准。如车外圆时就应以工件待加工表面直径代入公式（2-4）中计算。

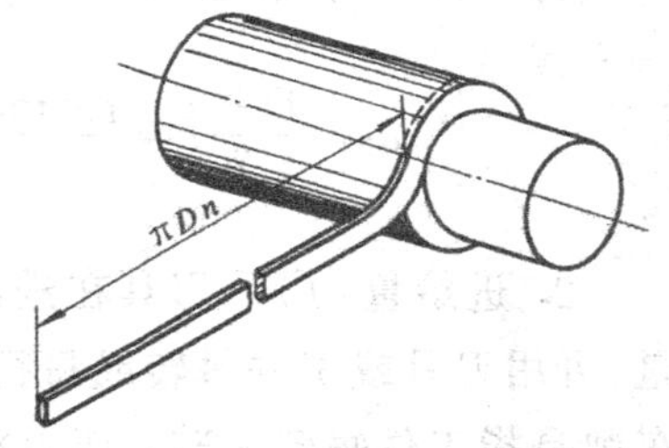

图 2-12 切削速度示意图

例 2 车削直径 100mm 的工件外圆，车床主轴转速 300r/min，求切削速度。

解 根据公式（2-4）

$$v_c=\frac{\pi Dn}{1000}=\frac{3.14\times 100\text{mm}\times 300\text{r/min}}{1000}=94.2\text{m/min}$$

在实际生产中，往往是已知工件直径，并根据工件材料、刀具材料和加工性质等因素选定切削速度。再将切削速度换算成车床主轴转速，以便调整机床，这时可把式（2-4）、（2-5）改写成

$$n=\frac{1000v_c}{\pi D} \tag{2-6}$$

或 $$n \approx \frac{318v_c}{D} \tag{2-7}$$

例 3 车削直径 260mm 的工件外圆，选用切削速度为 90m/min，求车床主轴转速。

解 根据式（2-6）

$$n=\frac{1000v_c}{\pi D}=\frac{1000\times 90\text{m/min}}{3.14\times 260\text{mm}}=110\text{r/min}$$

计算得到的车床主轴转速，若和车床转速铭牌上所列的转速有出入，应选取铭牌上和计算值接近的转速。

二、切削用量的选择

选择切削用量就是根据切削条件和加工要求，确定合理的背吃刀量、进给量和切削速度。这对保证产品质量、充分利用车刀、机床的潜力和提高生产效率都有很大的影响。

1. 背吃刀量的选择　粗车时，加工余量较多，这时不要求很细的表面粗糙度，在考虑车床动力、工件和车床刚性许可的情况下，尽可能选用较大的背吃刀量，以减少进给次数，提高生产效率。但背吃刀量选得过大会引起振动，如果超过机床和车刀的能力就会损坏车床和车刀。在这种情况下，可把加工余量分几次车削，但也应该把第一次或前几次的背吃刀量选得大些。对于精度要求较高的工件，应留半精车和精车余量，半精车余量约为 1～3mm，精车余量约为 0.1～0.5mm。

2. 进给量的选择　背吃刀量选定后，进给量也应选得大些。但是，进给量的大小受到机床、刀具的刚性、强度、工件精度，表面粗糙度和断屑条件等的限制。当进给量太大时，会引起机床最薄弱的零件损坏、刀具损坏、工件弯曲、工件表面粗糙度变粗等。

粗车时，在车床、工件、刀具允许的情况下，进给量选得尽量大些，可以缩短进给时间，提高生产率。一般 f 取 0.3～0.8mm/r。

精车时，应考虑工件的表面粗糙度。一般 f 取 0.08～0.3mm/r。

3. 切削速度的选择　选择切削速度应根据下列因素来考虑：

(1) 车刀材料　使用硬质合金车刀可比高速钢车刀的切削速度高好几倍。

(2) 工件材料　切削强度和硬度较高的工件时，因为车刀容易磨损，所以切削速度应选得低些。脆性材料如铸铁，虽然强度不高，但车削时形成崩碎切屑，热量集中在切削刃附近不易传散。因此，切削速度应取得低些。

车削有色金属和非金属材料，切削速度可选得高些。

(3) 表面粗糙度　表面粗糙度要求较细的工件，如用硬质合金车刀车削，切削速度应取得较高；如用高速钢车刀车削，则应取较低的切削速度。

(4) 背吃刀量和进给量　当背吃刀量和进给量增大时，切削时产生的切削热和切削力都较大，所以应适当降低切削速度。反之，切削速度可适当提高。

实际生产中，情况比较复杂，一般可从根据经验数据编制的切削速度参考表中选用。

总的来说，粗车时选择切削用量的顺序，应把背吃刀量放在首位，其次是进给量，最后是切削速度。如果用硬质合金车刀精车，应尽可能提高切削速度，背吃刀量和进给量因受工件精度和表面粗糙度的限制，一般取得较小。尤其是表面粗糙度要求较细时，进给量更应取得小些。

第三节　金属切削过程中的物理现象

在金属切削过程中，会出现一系列的物理现象，如切削变形、切削力、切削热和刀具磨损等。了解这些现象的发生和变化规律，有助于正确刃磨和合理使用刀具，合理选择切削用量，对提高生产效率和工件质量有着密切的关系。

一、金属切削过程和切屑的种类

1. 金属切削过程　切削时，被切削的金属层在刀具的切削刃切割和前刀面的推挤下，使金属产生变形、剪切滑移而变成切屑，这个过程称为切削过程。

为了通俗地说明问题，可以把非常复杂的金属切削过程粗略地模拟为图 2-13 的示意图。被切削的金属层好比一叠卡片 1、2、3……等，当刀具切入时，这叠卡片被推到 1′、2′、3′……的位置。卡片之间发生滑移，产生滑移的面就是剪切面。但卡片和前刀面接触的一端应该是平整的，而外侧则是毛茸状或锯齿状。

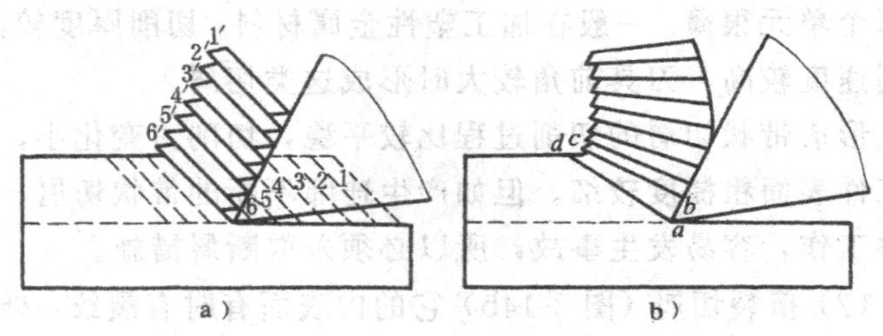

图 2-13　金属切削过程示意图

a) 切屑的滑移　b) 切屑的卷曲

在图 2-13a 中，只考虑剪切面的滑移，把金属层各单元比喻为平行四边形的卡片，实际上由于前刀面的强烈挤压，这些单元的底面被挤压伸长，其形状变成了如图 2-13b 所示 *abcd* 的梯形了。许多梯形叠起来，就形成切屑的卷曲。

2. 切屑的类型　由于工件材料性质不同，切削条件不同，切削过程中的滑移变形程度也就不同，因此产生了多种类型的切屑，一般可分为三种类型（图 2-14）。

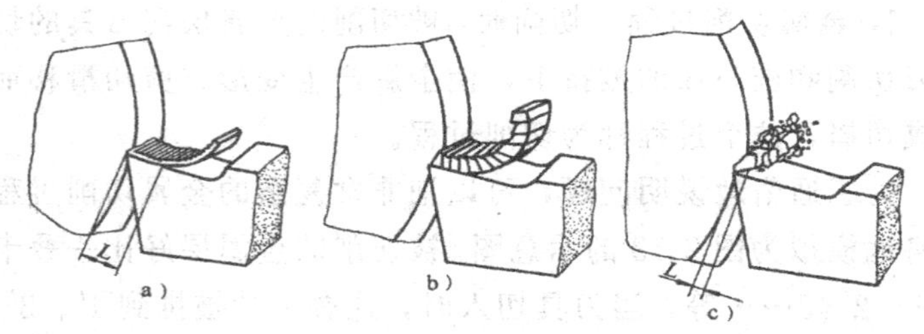

图 2-14　切屑的类型

a）带状切屑　b）挤裂切屑　c）崩碎切屑

（1）带状切屑（图 2-14a）它的内表面光滑，外表面呈毛茸状，如用放大镜观察，在外表面上也可看到剪切面的条纹，但每个单元很薄。一般在加工塑性金属材料，切削厚度较薄，切削速度较高，刀具前角较大时形成这类切屑。

形成带状切屑的切削过程比较平稳，切削力变化小，因而工件表面粗糙度较细。但如产生连绵不断的带状切屑，会妨碍工作，容易发生事故，所以必须采取断屑措施。

（2）挤裂切屑（图 2-14b）它的内表面有时有裂纹，外表面呈锯齿形。这类切屑大都是在切削速度较低，切削厚度较大，刀具前角较小时，由于切屑剪切滑移量较大，在局部地方达到了材料的破裂强度而形成的。

(3) 崩碎切屑（图 2-14c）切削脆性金属材料时，由于材料的塑性很小，抗拉强度较低，刀具切入后，靠近切削刃和前刀面的局部金属未经塑性变形就被挤裂或脆断，形成不规则的崩碎状切屑。当工件材料越硬越脆，刀具前角越小，切削厚度越大时，越容易产生这类切屑。

这类切屑与前刀面的接触长度 L 较短，切削力、切削热集中在切削刃附近，容易使刀具磨损和崩刃。

二、切屑收缩

在切削过程中，被切金属层经过滑移变形而出现的切屑长度缩短，厚度增加的现象，称为切屑收缩（图 2-15）。

切屑收缩的程度用收缩系数 ξ_1 表示：

$$\xi_1=\frac{l}{l_c}>1 \qquad (2\text{-}8)$$

由于工件上的切削层宽度和切屑宽度的变化很小，则：

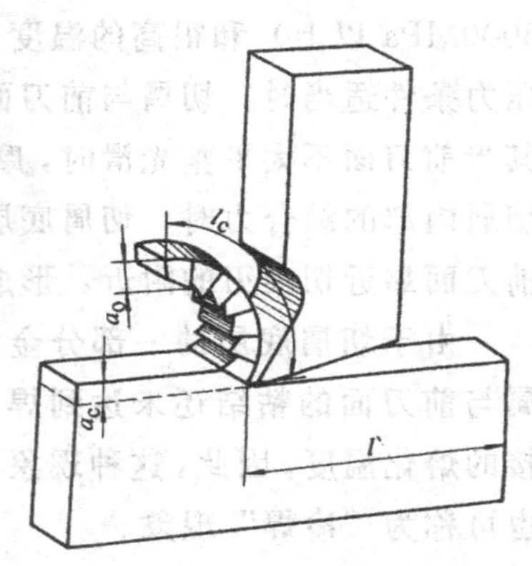

图 2-15　切屑的收缩

$$\xi_1=\frac{l}{l_c}=\frac{a_c}{a_o}>1 \qquad (2\text{-}9)$$

式中　l、a_c——切削层的长度和厚度（mm）；

l_c、a_o——切屑的长度和厚度（mm）。

收缩系数 ξ_1 比较容易测量，所以能直观地反映切屑变形程度的大小。当材料相同而切削条件不同时，ξ_1 大说明切屑变形大；当切削条件相同而材料不同时，ξ_1 大的材料塑性大。一般切削中碳钢时，$\xi_1=2\sim3$。

三、积屑瘤

用中等切削速度切削钢料或其他塑性金属，有时在车刀前刀面上牢固地粘着一小块金属，这就是积屑瘤（亦称刀瘤）。

1. 积屑瘤的形成　切削过程中，由于金属的挤压变形和强烈的摩擦，使切屑和前刀面之间产生很大的压力（2000～3000MPa 以上）和很高的温度。当温度（约 300℃左右）和压力条件适当时，切屑与前刀面之间产生很大的摩擦力（尤其当前刀面不太平整光滑时，摩擦力就更大）。当摩擦力大于切屑内部的结合力时，切屑底层的一部分金属就“冷焊”在前刀面靠近切削刃的附近，形成“积屑瘤”（图 2-16）。

由于切屑底层的一部分金属与前刀面的粘结还未达到焊接的熔化温度。因此，这种现象也可称为“冷焊”现象。

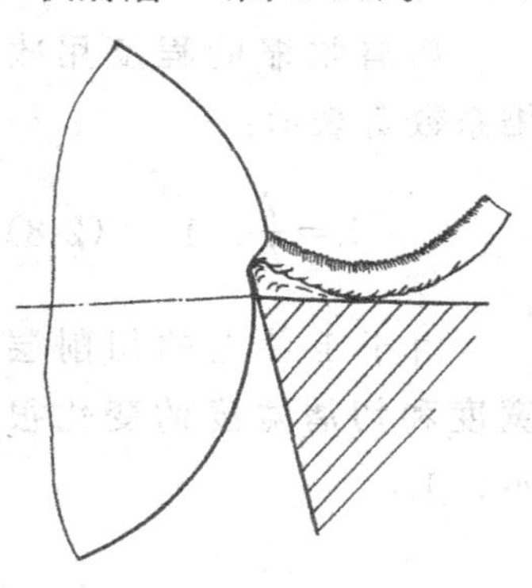

图 2-16　积屑瘤

2. 积屑瘤对加工的影响

(1) 保护刀具　积屑瘤的硬度较高（约为工件材料硬度的 2～3.5 倍），好象一个刃口圆弧半径较大的楔块，可代替切削刃进行切削。而且切削刃和前刀面都得到积屑瘤的保护，减少了刀具的磨损。

(2) 增大实际前角　有积屑瘤的车刀，实际前角 $\gamma_{瘤}$ 可增大至 30°～35°左右（图 2-17），因而减少了切屑的变形，降低了切削力。

(3) 影响工件表面质量和尺寸精度　积屑瘤的底部较上部稳定，但在通常条件下，积屑瘤总的是不稳定的。它时大时小，时积时失。在切削过程中，一部分积屑瘤被切屑带走，另一部分嵌入工件已加工表面内，使工件表面形成硬点和毛刺，表面粗糙度变粗。

当积屑瘤增大到切削刃之外时，改变了背吃刀量，因而影响了工件的尺寸精度（图 2-17）。

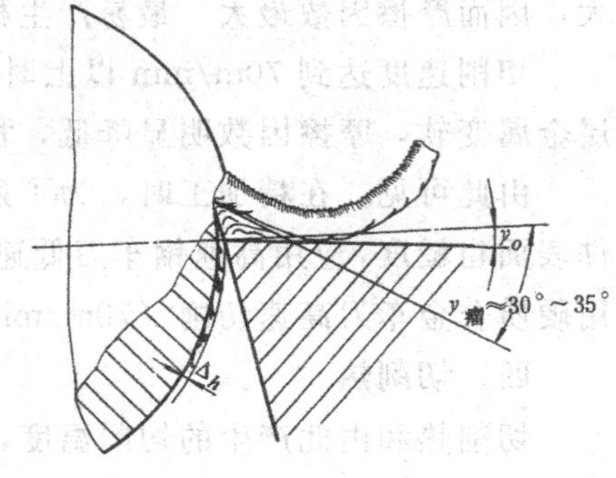

图 2-17　积屑瘤对加工的影响

一般来说，积屑瘤在粗加工时允许存在；精加工时必须避免产生积屑瘤。

3. 切削速度对积屑瘤产生的影响　影响产生积屑瘤的因素很多，如工件材料、切削速度、车刀前角、前刀面的粗糙度和切削液等。这里仅介绍切削速度对积屑瘤的影响（图 2-18）。

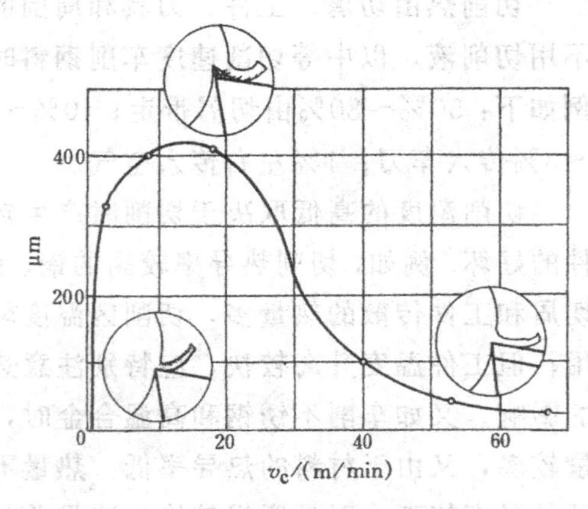

图 2-18　切削速度对积屑瘤的影响

切削速度较低（5m/min 以下）时，切屑流动较慢，切削温度较低，切屑与前刀面接触不紧密，形成点接触，摩擦因数较小，不会产生积屑瘤。

当中等切削速度（15～30m/min）时，切削温度约为300℃左右，切屑底层金属塑性增加，切屑与前刀面接触面增大，因而摩擦因数最大，最易产生积屑瘤。

切削速度达到70m/min以上时，切削温度很高，切屑底层金属变软，摩擦因数明显降低，积屑瘤亦不会产生。

由此可见，在精加工时，为了避免产生积屑瘤，减小工件表面粗糙度，应用高速钢车刀低速切削（5m/min以下），或用硬质合金车刀高速切削（70m/min以上）。

四、切削热

切削热和由此产生的切削温度，直接影响刀具的磨损和使用寿命，限制切削速度的提高，并影响工件的加工精度和表面质量，尤其在高速切削时更应注意。

切削热来源于切削层金属发生变形产生的热量以及切屑与前刀面、工件与后刀面摩擦产生的热量。

切削热由切屑、工件、刀具和周围的介质传散出去。如不用切削液，以中等切削速度车削钢料时，切削热的传散比例如下：50%～80%由切屑带走；40%～10%传入工件；9%～3%传入车刀；1%左右传入空气。

切削温度的高低取决于切削时产生热量的多少和散热条件的好坏。例如，切削热导率较高的铜、铝等有色金属时，由切屑和工件传散的热量多，切削区温度较低，所以刀具较耐用；但工件温度升高较快，应特别注意热胀冷缩对工件尺寸的影响。又如车削不锈钢和高温合金时，由变形所产生的热量较多，又由于材料的热导率低，热量不易传散，所以切削区的温度较高，刀具磨损较快，这是此类金属难加工的原因之一。因此必须采用耐热性较好的刀具材料，并加注充分的切削液进行冷却。

五、延长刀具寿命的措施

新刃磨好的刀具切削一段时间后，会发现工件表面粗糙度显著变粗，工件尺寸变化，切削温度升高，切屑的颜色也和初切削时不同，切削力增大，甚至产生振动或不正常的响声，工件加工表面上出现亮点等现象，这说明刀具已严重磨损，必须重磨或调换新刀。

刀具磨损对产品质量（如尺寸精度、形位精度、表面粗糙度）、生产效率以及加工成本都有直接影响。由于工件材料不同，切削用量不一样，刀具磨损的形式一般有后刀面磨损、前刀面磨损和前后刀面同时磨损三种形式。

因为后刀面的磨损带宽度 $h_{后}$ 对加工精度和表面粗糙度影响较大，而且测量也较方便，所以目前常以 $h_{后}$ 作为刀具的磨损限度。但实际生产中不可能经常测量磨损限度，根据 $h_{后}$ 和切削时间的关系，可用切削时间来表示磨损限度。

刀具刃磨后，从开始切削到达磨损限度所经过的切削时间称为刀具寿命。也就是刀具两次重磨之间的纯切削时间的总和。

当磨损限度相同时，刀具寿命越长，表示刀具磨损越慢。

减少刀具磨损，延长刀具寿命主要从以下几方面采取措施：

(1) 刀具方面　合理选择刀具的材料和几何形状是延长刀具寿命的有效措施。

前角增大，能降低切削力，减少切削热。但前角过大，刀具的散热条件和强度变差，反而容易磨损。后角增大，磨损减少，但后角过大，散热条件差，刀具磨损反而加剧。主偏角减小和刀尖圆弧半径增大，能提高刀尖强度，改善散热条件。因此，在不产生振动的前提下，选用较小的主偏角和较大的刀尖圆弧半径可以延长刀具寿命。减小刀面和切削刃的粗糙度也是减少刀具磨损的有效措施。经过研磨的硬质合金车刀寿命可提高 20%～40%。

在硬质合金车刀上磨负倒棱，可增加切削刃强度，延长刀具寿命。一般车刀的倒棱前角 $\gamma_{o1}=-5°\sim-10°$；倒棱宽度 $b_{r1}=(0.5\sim0.8)f$。车削合金钢时，在过渡刀刃上磨负倒棱（图 2-19）对提高刀尖强度和延长刀具寿命效果非常显著。

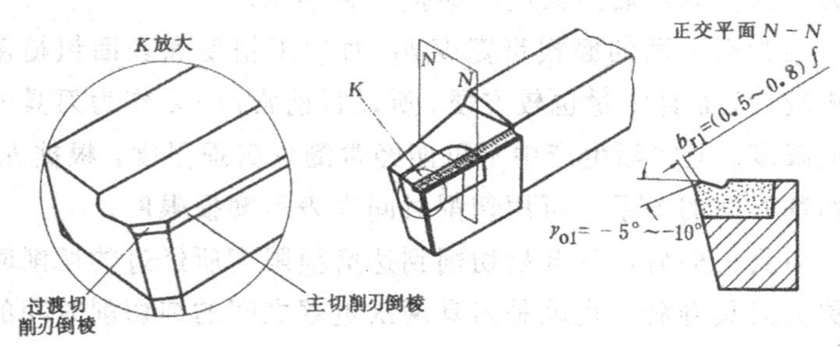

图 2-19　硬质合金车刀的倒棱

（2）切削用量方面　切削用量中，切削速度对刀具磨损的影响最大，其次是进给量，背吃刀量的影响较小。因此，在粗车时不宜选用过高的切削速度。从刀具寿命角度考虑，为了不降低生产效率，选择切削用量时，应首先考虑提高背吃刀量，其次考虑增大进给量，最后选择合适的切削速度。

（3）切削时加注充分的切削液，可以降低切削区的温度，减少摩擦，延长刀具寿命。

第四节　切削力的基本概念

一、切削力的分解

车削时由于变形和摩擦产生了总切削力 F，但它的大小和方向都不容易测量。为了便于测量和应用，通常把总切削力 F 先分解为 F_c和 F_o，F_D 再分解为 F_p 和 F_f 三个互相垂直的分力（图 2-20）。它们大小相等、方向相反地作用在刀具、工件、夹具和机床上。

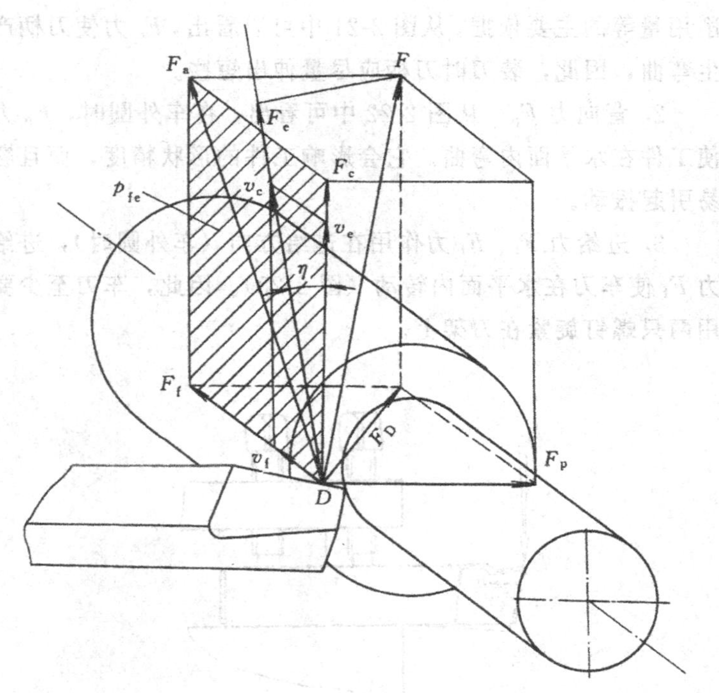

图 2-20　外圆车削时力的分解

切削力 F_c——总切削力在主运动方向上的正投影；

背向力 F_p——总切削力在垂直于工作平面上的分力；

进给力 F_f——总切削力在进给运动方向上的正投影。

一般情况下，切削力 F_c 最大，F_p 和 F_f 小一些。随着刀具角度、刃磨质量、磨损情况和切削用量的不同，F_p，F_f 对 F_c 的比值在很大范围内变化。

二、车削时各分力的实用意义

1. 切削力 F_c　在切削加工中，F_c 所消耗的功最多，所以它是计算机床功率、刀柄、刀片强度以及夹具设计、选择切削用量等的主要依据。从图 2-21 中可以看出，F_c 力使刀柄产生弯曲，因此，装刀时刀柄应尽量伸出短些。

2. 背向力 F_p　从图 2-22 中可看出，在车外圆时，F_p 力使工件在水平面内弯曲。它会影响工件的形状精度，而且容易引起振动。

3. 进给力 F_f　F_f 力作用在进给方向（车外圆时），进给力 F_f 使车刀在水平面内转动（图 2-23）。因此，车刀至少要用两只螺钉旋紧在刀架上。

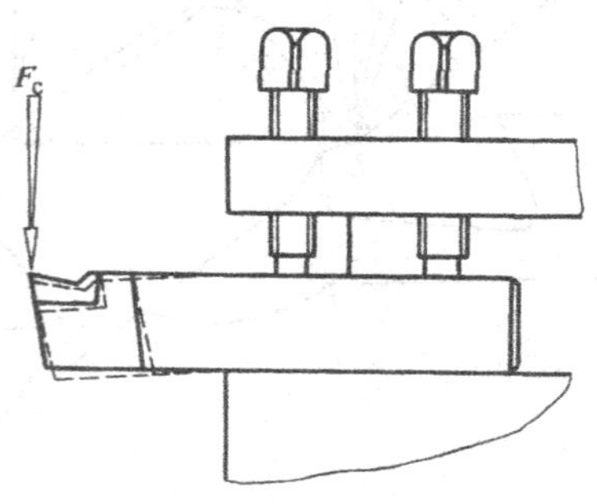

图 2-21　F_c 力使刀柄弯曲

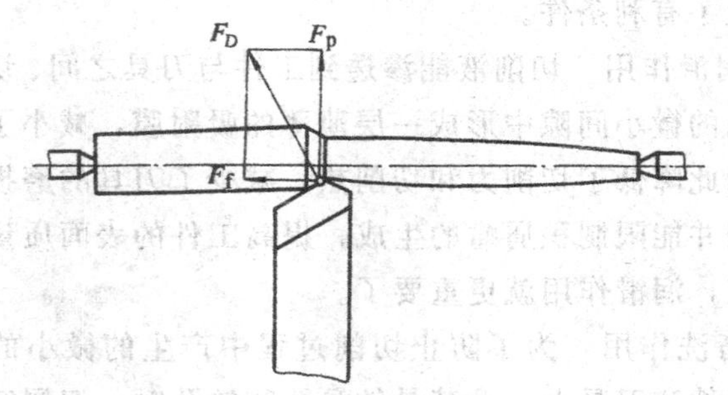

图 2-22 F_p 力使工件产生弯曲

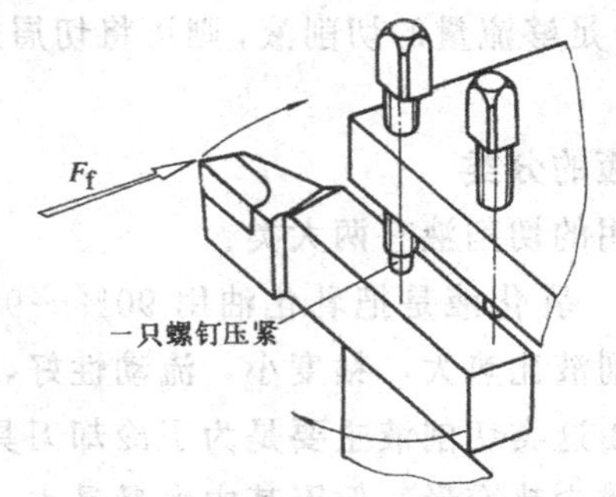

图 2-23 F_f 力对车刀装夹的影响

第五节 切 削 液

切削液又称冷却润滑液，主要用来降低切削温度和减少切削过程中的摩擦。合理选择和使用切削液能提高工件表面质量，减小工件的热变形，保证加工质量，减小切削力，延长刀具寿命和提高生产率。

一、切削液的作用

1. 冷却作用　切削液能吸收并带走切削区大量的热量，改善散热条件，降低刀具和工件的温度，从而延长了刀具的寿命和防止工件因热变形而产生的尺寸误差，也为提高生产效率创造了有利条件。

2. 润滑作用　切削液能渗透到工件与刀具之间、切屑与刀具之间的微小间隙中形成一层薄薄的吸附膜，减小了摩擦因数。因此降低了切削力和切削热，减少了刀具的磨损，使排屑顺利并能限制积屑瘤的生成，提高工件的表面质量。对于精加工，润滑作用就更重要了。

3. 清洗作用　为了防止切削过程中产生的微小的切屑粘附在工件和刀具上，尤其是钻深孔和铰孔时，切屑容易堵塞在容屑槽中，影响工件的表面粗糙度和刀具寿命。如果加注有一定压力，足够流量的切削液，则可将切屑迅速冲走，使切削顺利进行。

二、切削液的分类

车削时常用的切削液有两大类：

1. 乳化液　乳化液是把乳化油用90%～98%的水稀释而成。这类切削液比热大，粘度小，流动性好，可以吸收大量的热量。使用这类切削液主要是为了冷却刀具和工件，延长刀具寿命，减少热变形。但因其中大量是水，所以润滑和防锈性能较差。

2. 切削油　切削油是由矿物油和少量添加剂组成，其主要成分是矿物油，少数采用动物油和植物油。这类切削液的比热较小，粘度较大，流动性差，主要起润滑作用。

三、切削液的选用

选择切削液的一般原则是：

1. 根据加工性质选用

(1) 粗加工时，加工余量和切削用量较大，产生大量的切削热，因而会使刀具磨损加快，这时应选用以冷却为主的乳化液。

(2) 精加工时，主要为了保证工件的精度和表面质量，延长刀具的使用寿命，最好选用切削油或高浓度的乳化液。

(3) 钻削、铰削和深孔加工时，刀具在半封闭状态下工作，排屑困难，切削热不能迅速传散，容易使切削刃烧伤并增大工件表面粗糙度。应选用粘度较小的乳化液和切削油，并应加大流量和压力，一方面进行冷却、润滑，另一方面把切屑冲洗出来。

2. 根据工件材料选用　钢件粗加工一般用乳化液，精加工用切削油。

铸铁、铜及铝等脆性材料，由于切屑碎末会堵塞冷却系统，容易使机床磨损，所以一般不加切削液。但精加工时为了减小表面粗糙度，可采用粘度较小的煤油或7％～10％乳化液。

切削有色金属和铜合金时，不宜采用含硫的切削液，以免腐蚀工件。切削镁合金时，不能用切削液，以免燃烧起火，必要时，使用压缩空气。

使用切削液还必须注意以下几点：

(1) 油状乳化液必须用水稀释（一般加 90％～98％的水）后才能使用。

(2) 切削液必须浇注在切屑形成区和刀头上。

(3) 硬质合金刀具因耐热性好，一般不加切削液，必要时也可采用低浓度的乳化液。但切削液必须从开始切削就连续充分地浇注，如果断续使用，硬质合金刀片会因骤冷而产生裂纹。

第六节　减小工件表面粗糙度值的方法

表面粗糙度是指零件加工表面上所具有的较小间距和微

小峰谷所组成的微观几何形状误差。它不考虑加工表面上其他几何特性，如表面形状误差和表面波度等。

表面粗糙度对机器零件的配合性质、耐磨性、耐腐蚀性、疲劳强度等都有密切的关系，所以零件表面粗糙度的粗细直接影响机器的使用性能和寿命。

一、影响表面粗糙度的因素

1. 残留面积　已加工表面是由刀具主、副刀刃切削后形成的。两条切削刃在已加工表面上留下的痕迹如图 2-24 所示。这些残留在已加工表面上未被切去部分的面积，称为残留面积。残留面积越大，高度越高，则表面粗糙度越粗。

从图 2-24 中可看出，减小进给量 f，减小主、副偏角 κ_r，κ'_r，增大刀尖圆弧半径 r_ε，都可以减小残留面积高度 H。

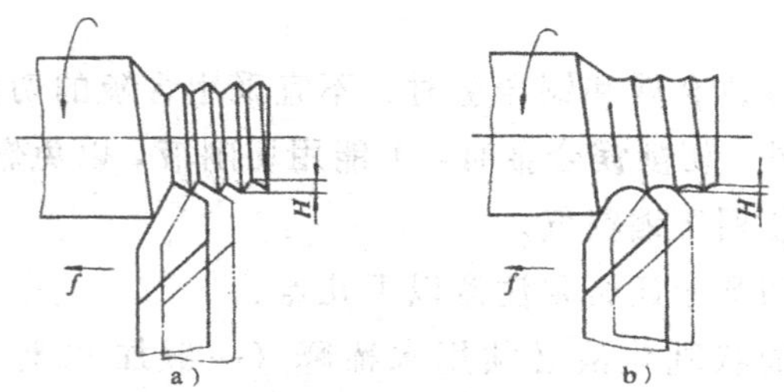

图 2-24　残留面积

a）尖头车刀　b）圆头车刀

此外，切削刃的表面粗糙度粗也会反映在工件已加工表面上，而且切削时，切削刃还会将残留面积挤歪。因此，残留面积的实际高度要大于理论高度。

2. 积屑瘤　用中等速度切削塑性金属产生积屑瘤以后，因积屑瘤既不规则又不稳定，一方面其不规则部分代替切削刃切削，留下深浅不一的痕迹；另一方面一部分脱落的积屑瘤嵌入工件已加工表面，使之形成毛刺和硬点，表面粗糙度变粗。

3. 振动　刀具、工件或机床部件产生周期性的振动，会使已加工表面出现周期性的波纹，使表面粗糙度明显变粗。

二、减小表面粗糙度的方法

生产中若发现工件表面粗糙度达不到要求，应首先观察和分析表面粗糙度粗的现象和原因，找出影响表面粗糙度的主要因素，才能提出解决方法。

1. 残留面积高度高（图 2-25a）　车削时，如果工件表面残留面积轮廓清楚，这说明其他切削条件正常，若要减小表面粗糙度，可以从以下几方面着手：

(1) 减小主偏角和副偏角（一般减小副偏角对减小表面粗糙度效果较明显）。

(2) 增大刀尖圆弧半径。但若机床刚性不足，刀尖圆弧半径过大会使背向力增大而产生振动，反而使表面粗糙度变粗。

(3) 减小进给量。

2. 工件表面产生毛刺（图 2-25b）　工件表面产生毛刺一般是因为积屑瘤引起的，这时可改变切削速度来抑制积屑瘤的生成。如用高速钢车刀时应降低切削速度（<5m/min），并加注切削液；用硬质合金车刀时应提高切削速度（避开最易产生积屑瘤的中速 15～30m/min）。

另外，刀具严重磨损和切削刃表面粗糙度粗都会使工件表面产生毛刺。因此，应尽量减小前、后刀面的表面粗糙度和经常保持刀具锋利。

3. 磨损亮斑　工件表面产生亮斑或亮点，切削时又有响声，说明刀具严重磨损，磨钝了的切削刃将工件表面挤压出发亮的痕迹，使表面粗糙度变粗，这时应及时重磨或更换刀具。

4. 切屑拉毛（图 2-25c）　被切屑拉毛的工件表面一般有

无规则的很浅的划纹。这时应选用正值的刃倾角车刀，使切屑排向工件待加工表面，并采用断屑或卷屑措施。

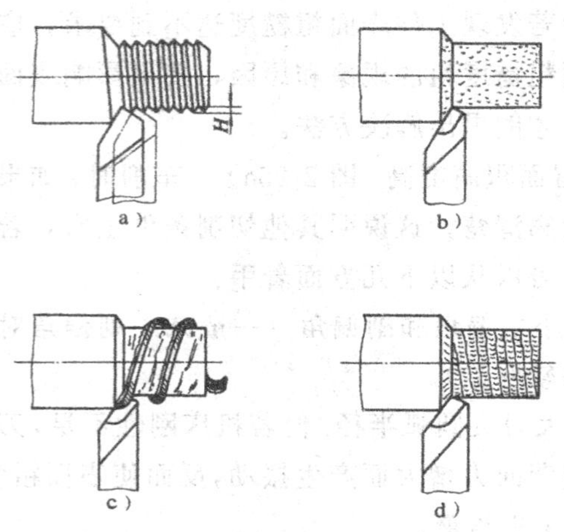

图 2-25 常见的表面粗糙度粗的现象

a）残留面积高度高 b）毛刺 c）切屑拉毛 d）振动

5. 振纹（图 2-25d） 切削时产生的振动会使工件表面出现周期性的横向或纵向振纹。

防止和消除振动可从以下几方面着手：

(1) 机床方面 调整主轴间隙，提高轴承精度；调整滑板镶条，使间隙小于 0.04mm，并使移动平稳轻便。

(2) 刀具方面 合理选择刀具几何参数，经常保持切削刃光洁和锋利。增加刀具的装夹刚性。

(3) 工件方面 增加工件的装夹刚性。例如装夹时不宜悬伸太长，细长轴应用中心架或跟刀架装夹。

(4) 切削用量方面 选用较小的背吃刀量和进给量，改变或降低切削速度。

复 习 题

1. 车削必须具备哪些运动？

2. 车刀刀头由哪几部分组成？

3. 什么叫切削平面、基面和正交平面？

4. 车刀有哪几个主要角度？各有什么作用？

5. 车外圆时，车刀刀尖如果装得高于工件轴线，对前角和后角有什么影响？

6. 前角的大小根据什么原则来选择？

7. 车刀切削部分的材料必须具备哪些基本性能？

8. 高速钢的性能和用途如何？

9. 硬质合金分几类？它们的性能和用途如何？

10. 什么叫背吃刀量、进给量和切削速度？

11. 若一次进给将 ϕ50mm 的轴车到 ϕ46mm，选用切削速度 100m/min，计算背吃刀量及车床主轴转速。

12. 车削 ϕ50mm 的轴，选用车床主轴转速为 500r/min。如果用相同的切削速度车削 ϕ25mm 的轴，求车头转速。

13. 切削速度应根据什么原则来选择？

14. 切屑分几种基本类型？各有什么特点？

15. 了解切屑收缩系数有什么实用意义？

16. 积屑瘤是怎样形成的？它对加工有什么影响？

17. 怎样延长刀具寿命？

18. 车削时各切削分力有什么实用意义？

19. 切削液有什么作用？如何正确选用？

20. 怎样减小工件表面粗糙度值？

第三章　轴类零件的车削

我们常把长度大于直径三倍以上的工件称为轴类零件。它们一般由圆柱面和端面组成，按用途可分为等直径轴、台阶轴、偏心轴和空心轴等。在机器上，轴类零件是用以支承传动零件（如带轮、齿轮等）和传递扭矩的。所以加工时，除了保证尺寸和表面粗糙度要求外，还必须有一定的形状和相互位置精度要求（如圆度、圆柱度、同轴度等）。

第一节　车削轴类零件用的车刀

一、90°车刀及其使用

90°车刀又称偏刀，它分右偏刀（图 3-1a）和左偏刀（图 3-1b）两种。

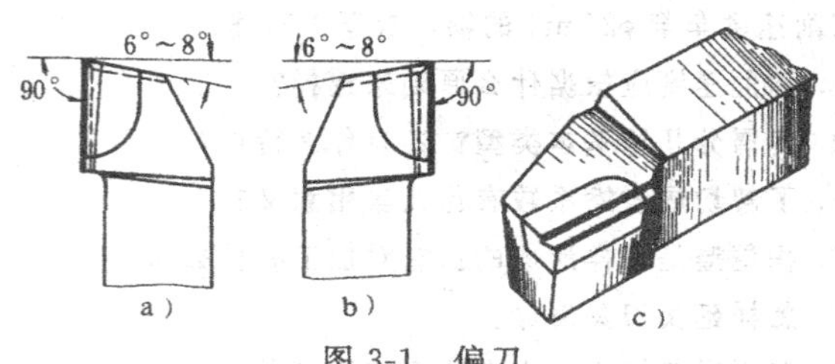

图 3-1　偏刀

a）右偏刀　b）左偏刀　c）右偏刀外形

90°车刀一般用来车削工件的外圆和台阶（图 3-2a）。因为它的主偏角较大，车外圆时产生的背向力较小，不易将工件顶弯。

90°车刀也可用来车削端面，但车削时如果由工件外缘向中心进给，因为用副切削刃切削，当背吃刀量较大时，切削力会使车刀扎入工件，而形成凹面（图 3-2b）。为防止产生凹面，可从中心向外进给，用主切削刃切削（图 3-2c），或用左偏刀车削（图 3-2d），也可用图 3-2e 所示的端面车刀车削。

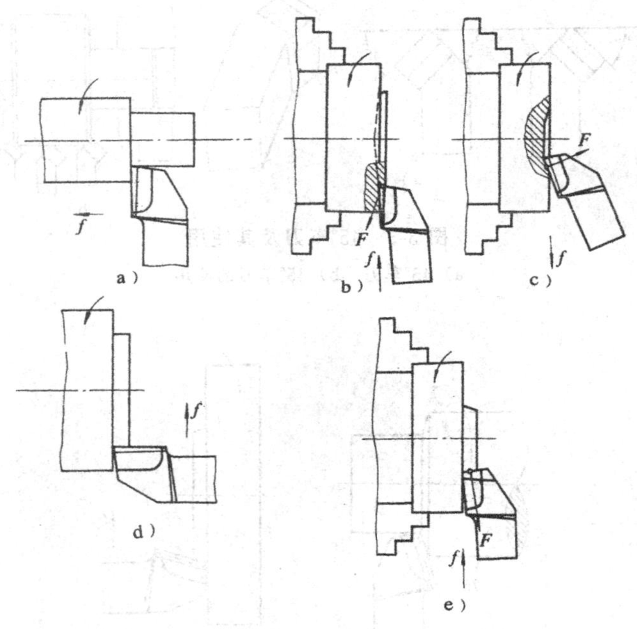

图 3-2　90°车刀的使用

a）车外圆和台阶　b）向中心进给产生凹面　c）从中心向外进给　d）左偏刀车端面　e）用端面车刀车端面

二、45°车刀及其使用

45°车刀（图 3-3a）除了车削端面及倒角以外，还可以车削长度较短的外圆（图 3-3b）。

三、75°车刀及其使用

75°车刀的刀尖角大于 90°，刀头强度最好，使用寿命长，因此适用于粗车轴类零件的外圆以及强力切削铸、锻件等余量较多的工件（图 3-4a），75°左车刀还可以用来车削铸、锻件的大平面（图 3-4b）。

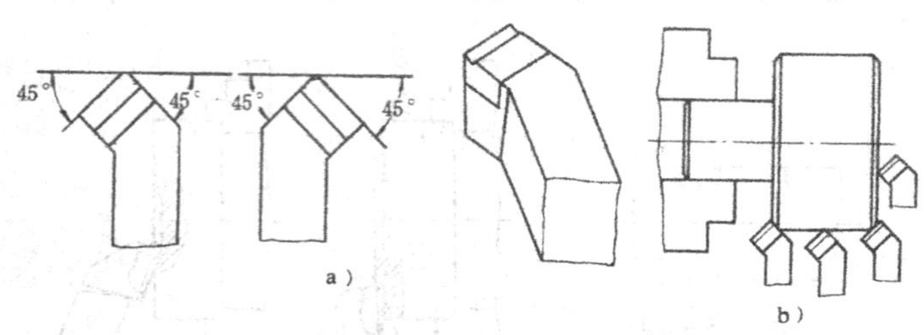

图 3-3　45°车刀及其使用

a）45°车刀　b）45°车刀的使用

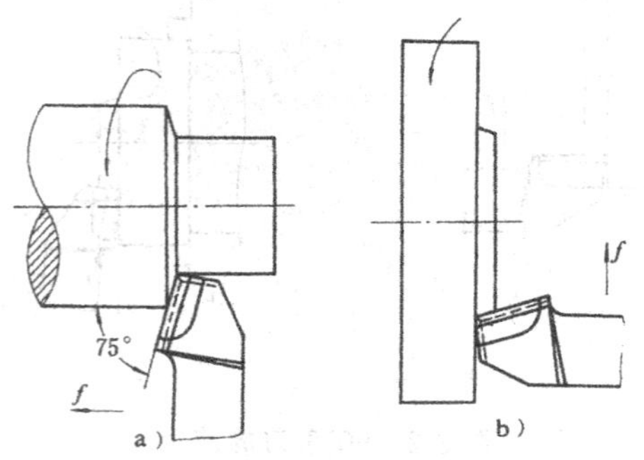

图 3-4　75°车刀的使用

a）车外圆　b）车端面

四、对车刀的要求

轴类零件的车削一般可分为粗车和精车两个阶段。

粗车时除留有一定的精车余量外，不要求工件达到图样要求的尺寸精度和表面粗糙度，因此应尽快地将毛坯上的加工余量车去，以提高劳动生产率。

精车时必须使工件达到图样或工艺上规定的尺寸精度和表面粗糙度。

由于粗车和精车的目的不同，因此对所使用的车刀要求也不一样。

1. 粗车刀　粗车刀应能适应切削深、进给快的特点，主要要求车刀有足够的强度，能一次进给车去较多的余量。

选择粗车刀几何参数的一般原则是：

(1) 为了增加刀头强度，前角 (γ_o) 和后角 (α_o) 应小些。但要注意，前角太小会使切削力增大。

(2) 主偏角 (κ_r) 不宜过小，太小容易引起车削时振动。当工件形状许可时，最好选用 75°左右，因为这样刀尖角较大，能承受较大的切削力，而且有利于切削刃散热。

(3) 一般粗车时采用 0°～－3°的刃倾角(λ_s)，以增加刀头强度。

(4) 主切削刃上应磨有负倒棱，其宽度约为 (0.5～0.8) f，$\gamma_{o1}=-5°$，以增加切削刃强度。

(5) 为了增加刀尖强度，改善散热条件，延长刀具寿命，刀尖处应磨有过渡刃。

(6) 粗车塑性金属(如钢类)时，为了保证切削顺利进行，切屑能自行折断，应在车刀前刀面上磨有断屑槽。断屑槽一般常用直线型和圆弧型两种，它的尺寸主要取决于进给量和背吃刀量 (表 3-1)。

图 3-5 是比较典型的 75°硬质合金车削钢件的粗车刀。

2. 精车刀　精车时要求达到工件的尺寸精度和较细的表面粗糙度，并且切去的金属较少，因此要求车刀锋利，刀刃平直光洁，刀尖处必要时还可磨出修光刃。切削时，必须使切屑排向工件待加工表面方向。

表 3-1 硬质合金车刀断屑槽尺寸 (mm)

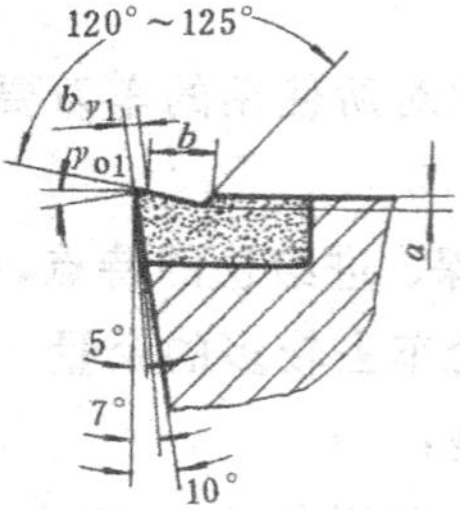

断屑槽型式	背吃刀量 (a_p)	进给量 (f)			
		0.15～0.3	0.3～0.45	0.45～0.7	0.7～0.9
		$b\times a$			
直线型 $b_{\gamma1}=(0.5\sim0.8)f$ $\gamma_c=-5°\sim-10°$	～1	1.5×0.3	2×0.4	3×0.5	3.25×0.5
	1～4	2.5×0.5	3×0.5	4×0.6	4.5×0.6
	4～9	3×0.5	4×0.6	4.5×0.6	5×0.6

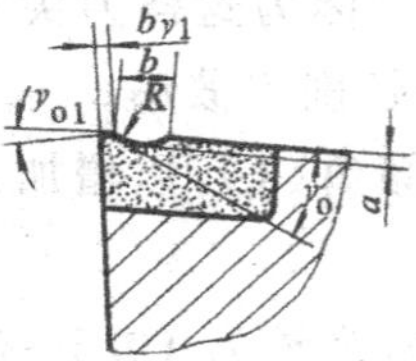

断屑槽型式	背吃刀量 (a_p)	进给量 (f)				
		0.3	0.4	0.5～0.6	0.7～0.8	0.9～1.2
		R				
圆弧型 a 为 0.5～1.3mm(由所取的前角值决定)，R 在 b 的宽度和 a 的深度下成一自然圆弧	2～4	3	3	4	5	6
	5～7	4	5	6	8	9
	7～12	5	8	10	12	14

选择精车刀几何参数的一般原则是：

(1) 前角 (γ_o) 一般应取大些，使车刀锋利，以减小切削变形，并使切削轻快。

(2) 后角 (α_o) 也应取得大些，以减少车刀和工件之间的摩擦。精车时对车刀强度的要求并不高，因此允许取较大的后角。

(3) 取较小的副偏角 (κ'_r) 或刀尖处磨修光刃，修光刃长度一般为（1.2～1.5）f，以减小工件表面粗糙度值。

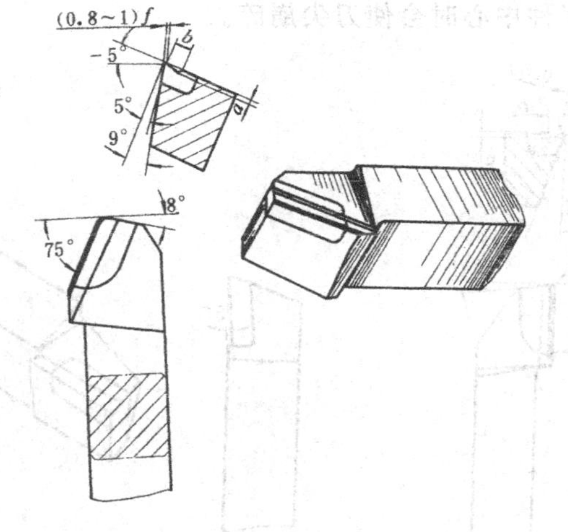

图 3-5　75°硬质合金钢件粗车刀

（4）选用正值的刃倾角（$\lambda_s=3°\sim8°$），以控制切屑排向工件待加工表面方向。

（5）精车塑性金属时，车刀前刀面应磨出较狭的断屑槽（表 3-1）。

图 3-6 是比较典型的精车刀。

五、车刀的装夹

装夹车刀时，必须注意以下几点：

（1）车刀装夹在刀架上，在不影响观察的前提下，应尽量伸出短些，一般以不超过刀柄厚度的 1.5 倍为宜。否则切削时刀柄的刚性减弱，容易产生振动，影响工件表面粗糙度，甚至使车刀损坏。车刀下面的垫片要平整，数量要少，并应与刀架对齐，以防切削时车刀产生振动。

（2）车外圆时车刀刀尖一般应装得与工件轴线一样高；车端面时车刀刀尖更应严格对准工件中心，否则会使工件端面中心处留有凸头。当使用硬质合金车刀时，如不注意这一点，车到工件中心时会使刀尖崩碎。

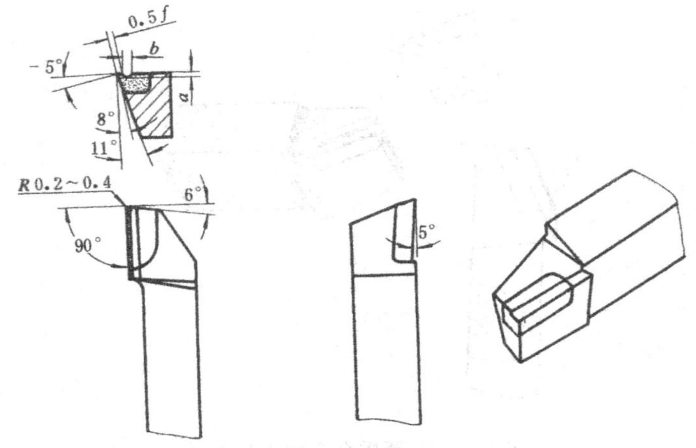

图 3-6　90°钢件精车刀

(3) 装刀时，刀柄中心线应与进给方向垂直，车台阶时更应注意，否则，车出来的台阶会与工件轴线不垂直。

(4) 车刀至少要用两个螺钉压紧在刀架上，并逐个轮流旋紧。旋紧时不得用力过大，否则会损坏螺钉。

第二节　工件的装夹

工件的装夹就是将工件在机床上或夹具中定位、夹紧的过程。

由于工件的形状、大小和加工数量不同，因此可采用以下几种装夹方法。

一、在四爪单动卡盘上装夹工件

1. 在四爪单动卡盘上找正工件时的注意事项　在四爪单动卡盘上装夹工件必须将加工部分的旋转中心找正到与车

床主轴旋转中心重合才能车削，在找正时必须注意以下几点：

（1）当工件有的外圆或平面不需要加工时，为了保证外形正确，必须找正不加工部位，对加工部位，只要保证有一定的加工余量即可。

（2）当工件的各部位加工余量不均匀时，应着重找正余量少的部位（图 3-7），否则容易产生废品。

（3）一般情况下，为了找正方便，在卡爪与工件之间垫铜片。

（4）找正前必须做好安全预防措施，在车床导轨面上放一木板，并用尾座活顶尖通过辅助工具顶住工件，防止找正时工件掉下。

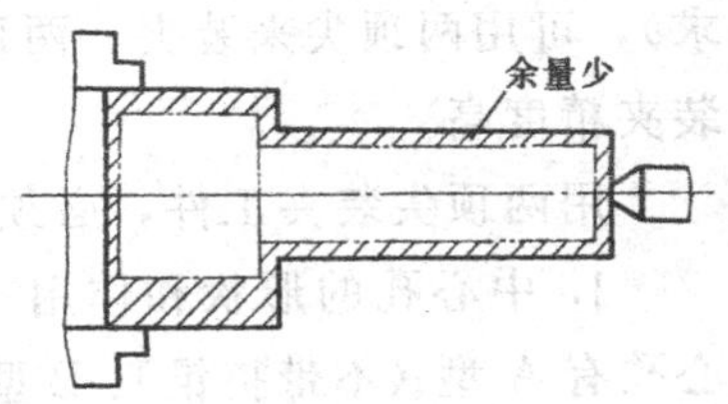

图 3-7 找正余量少的部位

2. 四爪单动卡盘的优缺点和应用　四爪单动卡盘夹紧力大，但找正比较费时。所以适用于装夹大型或形状不规则的工件。四爪单动卡盘可装成正爪和反爪两种，反爪用来装夹直径较大的工件。

二、在三爪自定心卡盘上装夹工件

三爪自定心卡盘能自动定心，不需花很多时间去找正工件，安装效率比四爪单动卡盘高，但夹紧力没有四爪单动卡盘大。所以适用于装夹大批量的中小型规则零件。

三爪自定心卡盘一般有正反两副卡爪或一副正反都可使用的卡爪，各卡爪都有编号，在装卡爪时应按顺序安装。还有一种装配式卡爪，只要拆下卡爪上的螺钉，即可调向或换装软爪。必须注意，用正爪装夹工件时，工件直径不能太大，卡爪伸出卡盘圆周一般不超过卡爪长度的1/3，否则卡爪与平面螺纹啮合很少，受力时容易使卡爪上的螺纹碎裂而产生事故。所以装夹大直径工件时，应尽量用反爪。

三、在两顶尖间装夹工件

对于较长的或必须经过多次装夹才能加工好的工件，如长轴、长丝杠等的车削，或工序较多，在车削后还要铣削和磨削的工件。为了保证每次装夹时的装夹精度（如同轴度要求），可用两顶尖来装夹。两顶尖装夹工件方便，不需找正，装夹精度高。

用两顶尖装夹工件，必须先在工件端面钻出中心孔。

1. 中心孔的形状和作用　国家标准GB145—85规定中心孔有A型（不带护锥）、B型（带护锥）、C型（带螺孔）和R型（弧形）四种（R型这里不作介绍），见表3-2。

A型中心孔由圆锥孔和圆柱孔两部分组成。圆锥孔的圆锥角一般为60°（重型工件用90°），它与顶尖锥面配合，起到定中心作用并承受工件重量和切削力；圆柱孔可储存润滑油，并可防止顶尖头触及工件，保证顶尖锥面和中心孔锥面配合贴切，以达到正确定心。精度要求一般的零件采用A型。

B型中心孔是在A型中心孔的端面再加120°的圆锥面，用以保护60°锥面不致碰毛，并使工件端面容易加工。B型中心孔适用于精度要求较高，工序较多的工件。

C型中心孔是在B型中心孔的60°锥孔后加一短圆柱孔（保证攻制螺纹时不碰毛60°锥孔），后面有一内螺纹。当需要将其他零件轴向固定在轴上时，可采用C型中心孔。

中心孔的尺寸以圆柱孔直径D为标准。

直径6.3mm以下的中心孔通常用高速钢制成的中心钻直接钻出。

表 3-2 中心孔的尺寸 (mm)

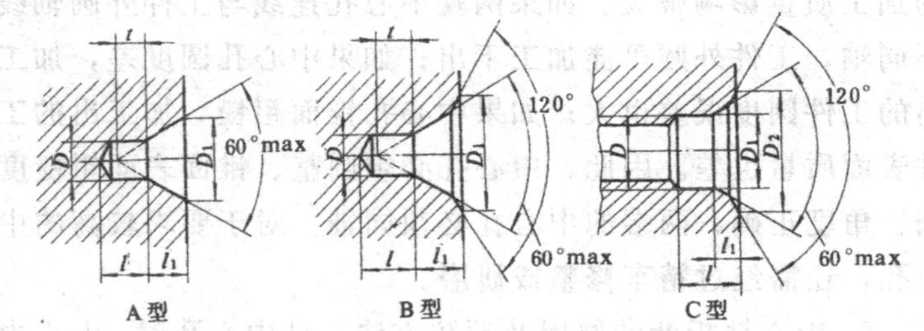

A 型

D	D_1	参考		D	D_1	参考	
		l_1	t			l_1	t
1.00	2.12	0.97	0.9	3.15	6.70	3.07	2.8
1.60	3.35	1.52	1.4	4.00	8.50	3.90	3.5
2.00	4.25	1.95	1.8	6.30	13.20	5.98	5.5
2.50	5.30	2.42	2.2	10.00	21.20	9.70	8.7

B 型

D	D_1	参考		D	D_1	参考	
		l_1	t			l_1	t
1.00	3.15	1.27	0.9	3.15	10.00	4.03	2.8
1.60	5.00	1.99	1.4	4.00	12.50	5.05	3.5
2.00	6.30	2.54	1.8	6.30	18.00	7.36	5.5
2.50	8.00	3.20	2.2	10.00	28.00	11.66	8.7

C 型

D	D_1	D_2	l	参考	D	D_1	D_2	l	参考
				l_1					l_1
M3	3.2	5.8	2.6	1.8	M10	10.5	16.3	7.5	3.8
M4	4.3	7.4	3.2	2.1	M12	13.0	19.8	9.5	4.4
M5	5.3	8.8	4.0	2.4	M16	17.0	25.3	12.0	5.2
M6	6.4	10.5	5.0	2.8	M20	21.0	31.3	15.0	6.4
M8	8.4	13.2	6.0	3.3	M24	25.0	38.0	18.0	8.0

注：1. A 型和 B 型中的尺寸 l 取决于中心钻的长度，此值不应小于 t 值。

2. GB145—85 中还有 R 型中心孔，这里不作介绍。

中心孔是精加工（如精车、磨削）的定位基准，对工件的加工质量影响很大。如果两端中心孔连线与工件外圆轴线不同轴，工件外圆可能加工不出；如果中心孔圆度差，加工出的工件圆度误差也大；如果中心孔锥面粗糙，加工出的工件表面质量也差。因此，中心孔必须圆整、锥面表面粗糙度细、角度正确，两端的中心孔必须同轴。对于要求较高的中心孔，还需经过精车修整或研磨。

2. 中心钻折断的原因及预防方法　钻中心孔时，由于中心钻切削部分的直径很小，承受不了过大的切削力，稍不注意，就会折断。

中心钻折断的原因有以下几点：

(1) 中心钻轴线与工件旋转中心不一致时，使中心钻受到一个附加力而折断。这往往是由于车床尾座偏位，或装夹中心钻的钻夹头锥柄与尾座套筒锥孔配合不准确而引起偏位等原因所致。所以钻中心孔前必须严格找正中心钻的位置。

(2) 工件端面没车平，或中心处留有凸头，使中心钻不能准确地定心而折断。所以钻中心孔处的端面必须车平。

(3) 切削用量选用不当，如工件转速太低而中心钻进给太快，使中心钻折断。中心钻直径很小，即使选用较高的转速，切削速度也是很低的。如果用低速钻中心孔，由于手摇尾座手轮的速度相差不大，这样相对的进给量就大了，会使中心钻折断。因此钻中心孔时应采用较高的转速。

(4) 中心钻磨损后，钻孔时强行钻入工件也容易折断。因此，中心钻磨损以后应及时调换或修磨。

(5) 没有浇注充分的切削液或没及时清除切屑，以致切屑堵塞在中心孔内而挤断中心钻。所以钻中心孔时应浇注充分的切削液，并及时清除切屑。

中心钻如果折断了，必须将折断部分从中心孔内取出，并将中心孔修整后才能继续加工。

3. 在两顶尖间装夹工件时的注意事项。

(1) 前后顶尖的连线应与车床主轴轴线同轴，否则车出的工件会产生锥度。

(2) 尾座套筒在不影响车刀切削的前提下，尽量伸出短些，以增加刚性减少振动。

(3) 中心孔形状应正确，表面粗糙度要细。安装顶尖前，应清除中心孔内的切屑或其他异物。

(4) 如果后顶尖用固定顶尖，由于中心孔与顶尖间产生滑动摩擦。这时应在中心孔内加工业润滑脂（黄油），以防温度过高而“烧坏”顶尖和中心孔。

(5) 两顶尖与中心孔的配合必须松紧适当。如果顶得过紧，细长工件会弯曲变形。对于固定顶尖，会增加摩擦；对于回转顶尖，容易损坏顶尖内的滚动轴承。如果顶得过松，工件不能准确地定中心，车削时易振动，甚至工件会飞出。所以车削过程中，必须随时注意顶尖及靠近顶尖的工件部分摩擦发热的情况。当发现温度过高时（一般用手感来掌握），必须加黄油或机械油进行润滑，并及时调整松紧。

四、一夹一顶装夹工件

用两顶尖装夹工件虽然精度较高，但刚性较差，因此，车削一般轴类零件，尤其是较重的工件，不能用两顶尖装夹，而采用一端夹住（用三爪自定心或四爪单动卡盘），另一端用后顶尖顶住的装夹方法。为了防止工件由于切削力的作用而产生轴向位移，必须在卡盘内装一限位支承，或利用工件的台阶作限位（图 3-8）。这种装夹方法比较安全，能承受较大的进给力，因此应用很广泛。

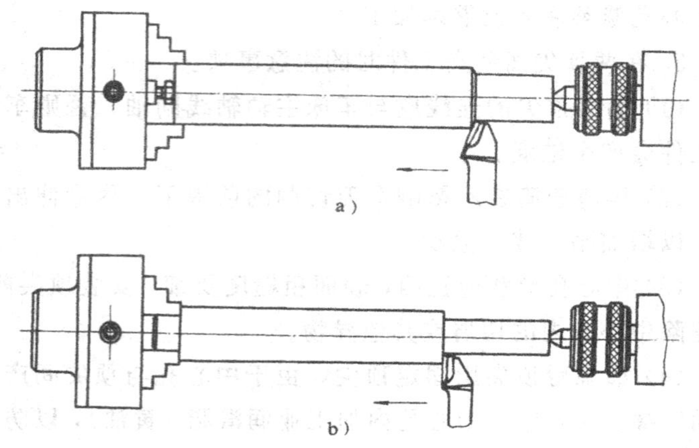

图 3-8 一夹一顶装夹工件

a）用限位支承 b）用工件台阶限位

后顶尖有固定顶尖和回转顶尖两种。固定顶尖的刚性好，定心准确，但与工件中心孔之间因产生滑动摩擦而发热过多，容易将中心孔或顶尖“烧坏”。因此只适用于低速加工精度要求较高的工件。

回转顶尖的结构见图 3-9。这种顶尖将顶尖与工件中心孔之间的滑动摩擦改成顶尖内部轴承的滚动摩擦，能在很高的转速下正常工作，克服了固定顶尖的缺点，因此应用很广泛。但回转顶尖存在一定的装配累积误差，以及当滚动轴承磨损后，会使顶尖产生径向圆跳动，从而降低了加工精度。

五、中心架和跟刀架的应用

1. 中心架的应用　中心架一般有以下几种用法：

（1）车削长轴（图 3-10）　把中心架直接安放在工件中

间，可以提高长轴的刚性。在工件装上中心架之前，必须在毛坯中间车一段安放中心架支承爪的沟槽。槽的直径比工件最后尺寸略大些（以便精车），宽度比支承爪宽些。在调整中心架三个支承爪中心位置时，应先调整下面两个爪，然后把盖子盖好固定，最后调上面一个爪。车削时，支承爪与工件接触处应经常加润滑油，并注意松紧，以防工件拉毛及摩擦发热。

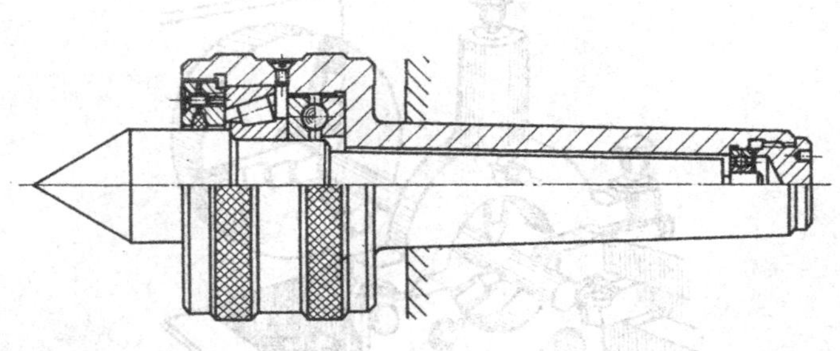

图 3-9　回转顶尖

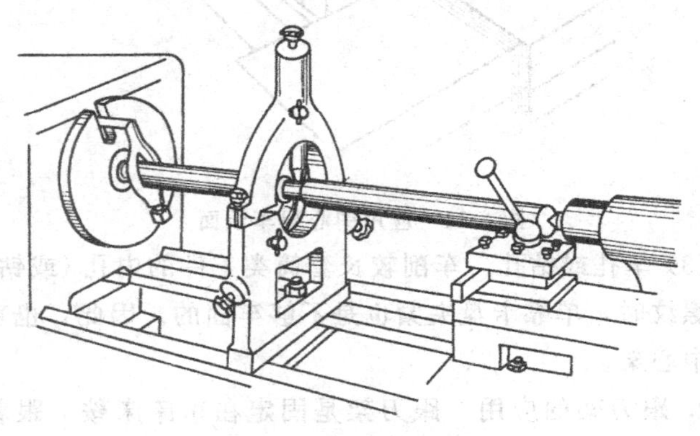

图 3-10　应用中心架车长轴

(2) 车端面和钻中心孔（图 3-11） 对于大而长的工件，只用卡盘夹住在车床上车端面和钻中心孔是不稳当的。必须用一端夹住另一端搭中心架的方法。但必须注意，在调整三个支承爪之前应先把工件的旋转轴线找正到与车床主轴旋转轴线一致，否则在车端面或钻中心孔时，会使中心钻折断。严重时工件会从卡盘上掉下，并使工件端部表面夹坏。

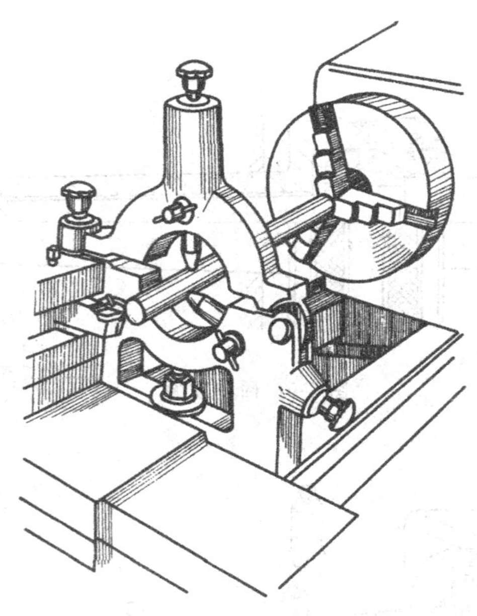

图 3-11 应用中心架车端面

(3) 车孔或钻孔 车削较长套筒类工件的内孔（或钻孔）或内螺纹时，单靠卡盘夹紧也是不够牢固的。因此，也普遍使用中心架。

2. 跟刀架的应用 跟刀架是固定在车床床鞍上跟着车刀一起移动的（图 3-12），一般只有两个支承爪，而另一个支承爪被车刀所代替。所以使用跟刀架是防止由于背向力而使工件弯曲变形的有效措施。

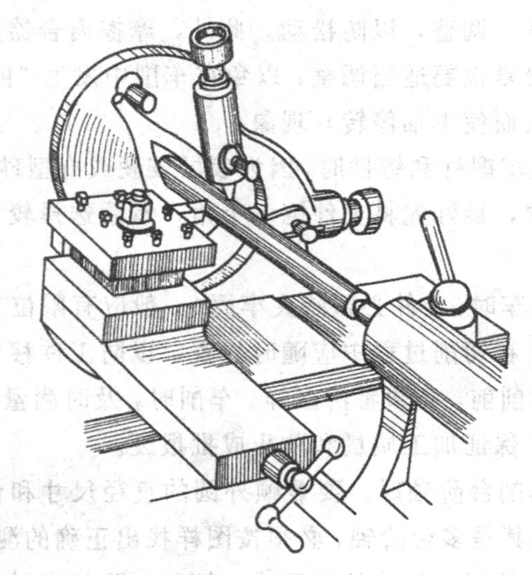

图 3-12 跟刀架的应用

跟刀架主要用来车削不允许接刀的细长工件，例如车床上的光杠和精度要求较高的长丝杠等。使用跟刀架时，先要在工件端部车一段安装跟刀架卡爪的外圆。调整跟刀架卡爪压力时，必须注意与工件的接触松紧程度，否则车削时会产生振动，或使工件车成竹节形或螺旋形。

第三节 轴类零件的车削

一、轴类零件车削时的注意事项

(1) 粗车时选择切削用量，应首先考虑背吃刀量，其次是进给量，最后是切削速度。而精车时如果使用硬质合金车刀，为了减小表面粗糙度值和提高生产率，应尽量提高切削速度。

(2) 粗车前，必须检查车床各部分的间隙，并进行适当的调整，以充分发挥车床的效能。床鞍和中、小滑板的塞铁，也须进行检查、调整，以防松动。此外，摩擦离合器及主轴箱传动带的松紧也要适当调整，以免在车削中发生“闷车”(由于负荷过大而使主轴停转）现象。

(3) 粗车锻件和铸件时，因为表层较硬或有型砂等，为减少车刀磨损，最好先将工件倒一个角，然后选择较大的背吃刀量。

(4) 粗车时，工件必须装夹牢固(一般应有限位支承)，顶尖要顶住。在切削过程中应随时检查，以防工件移位。

(5) 车削前，必须看清图样。车削时，及时测量，首件必须交检验、保证加工质量和防止成批报废。

(6) 车削台阶轴时，要兼顾外圆的直径尺寸和台阶的长度尺寸。尤其是多台阶轴，必须按图样找出正确的测量基准，以便准确地控制台阶的长度尺寸。控制台阶长度尺寸的方法很多，生产中常用车床床鞍刻度盘来控制，一般卧式车床如C620-1 型车床床鞍的刻度盘一格等于 1mm，车削时的长度误差一般在 0.3mm 左右。

(7) 车削中发现车刀磨损，应及时刃磨或换刀，否则刃口磨钝，切削力大大增加，会造成“闷车”或损坏车刀并影响工件质量。

二、产生废品的原因及预防措施

轴类零件车削时，产生废品的原因及预防措施见表 3-3。

三、安全技术

(1) 工件、刀具必须装夹牢固，工件如用两顶尖装夹，必须检查是否顶牢，顶尖有无磨损。否则工件在切削力的作用下会飞出产生事故。

表 3-3　车削轴类零件时产生废品的原因及预防措施

废品种类	产　生　原　因	预　防　措　施
尺寸精度达不到要求	1. 操作者粗心大意，看错图样或刻度盘使用不当 2. 没有进行试切削 3. 量具有误差或测量不正确 4. 由于切削热的影响，使工件尺寸发生变化	车削时必须看清图样尺寸要求，正确使用刻度盘，看清刻度值 根据加工余量算出背吃刀量，进行试切削，然后修正背吃刀量 量具使用前，必须仔细检查和调整零位，正确掌握测量方法 不能在工件温度较高时测量，如果测量，应先掌握工件的收缩情况，或浇注切削液，降低工件温度
产生锥度	1. 用一夹一顶或两顶尖装夹工件时，由于后顶尖轴线不在主轴轴线上 2. 用小滑板车外圆时产生锥度，是小滑板位置不正，即小滑板刻线与中滑板上的刻线没有对准“0”线 3. 用卡盘装夹工件纵进给车削时产生锥度是由于床身导轨与主轴轴线不平行 4. 工件装夹时悬臂较长，车削时因背向力影响使前端让开，产生锥度 5. 刀具中途逐渐磨损	车削前必须找正锥度 必须事先检查小滑板的刻线是否与中滑板刻线的“0”线对准 调整车床主轴与床身导轨的平行度 尽量减少工件的伸出长度，或另一端用顶尖支顶，增加装夹刚性 选用合适的刀具材料，或适当降低切削速度
圆度超差	1. 车床主轴间隙太大 2. 毛坯余量不均匀，在切削过程中背吃刀量发生变化 3. 工件用两顶尖装夹时，中心孔接触不良，或后顶尖顶得不紧，或前后顶尖产生径向圆跳动	车削前检查主轴间隙，并调整合适，如主轴因磨损太多而间隙过大，则需修理主轴和轴承 分粗车、精车 工件在两顶尖间装夹必须松紧适当。若回转顶尖产生径向圆跳动，须及时修理或更换

（续）

废品种类	产　生　原　因	预　防　措　施
表面粗糙度达不到要求	1. 车床刚性不足，如滑板镶条过松，传动零件（如带轮）不平衡或主轴太松引起振动	消除或防止由于车床刚性不足而引起的振动（例如调整车床各部分的间隙）
	2. 车刀刚性不足或伸出太长引起振动	增加车刀的刚性和正确装夹车刀
	3. 工件刚性不足引起振动	增加工件的装夹刚性
	4. 车刀几何形状不正确，例如选用过小的前角、主偏角和后角	选择合理的车刀角度（如适当增大前角，选择合理的后角）
	5. 低速切削时，没有加切削液	低速切削时应加切削液
	6. 切削用量选择不恰当	进给量不宜太大，精车余量和切削速度应选择适当

(2) 工件装夹好，必须随手将卡盘扳手取下后才能开车。

(3) 车削时如产生带状切屑，不能用手去折断，必须停车，用铁钩把切屑拉断。同时必须重新刃磨车刀的断屑槽，改变车刀的角度或采取增大进给量等断屑措施，使切屑自行折断。

(4) 车削时如切屑飞溅，必须带防护眼镜或采取其他防护措施。

复　习　题

1. 车削轴类零件常用哪几种车刀？各适用什么场合？
2. 对粗车刀和精车刀各有什么要求？
3. 装夹车刀时，应注意哪些事项？

4. 车削轴类零件时，一般有几种装夹方法？各有什么特点？分别适用什么场合？

5. 中心孔有哪几种类型？如何选用？

6. 钻中心孔时怎样防止中心钻折断？

7. 用两顶尖装夹工件，应注意哪些事项？

8. 中心架常有哪几种用法？

9. 车削轴类零件时，产生锥度是什么原因？怎样预防？

10. 车削轴类零件时，表面粗糙度达不到要求是什么原因？

11. 车削轴类零件时，应注意哪些安全技术？

第四章　切断和车沟槽

当零件的毛坯是整根很长的棒料时，需要事先按要求的长度切断，然后进行车削；或者在车削完后把工件从棒料上切下，这种加工方法叫切断。

切削外圆、轴肩或端面上的沟槽叫车沟槽。常见的沟槽见图 4-1。它们的作用一般是为了磨削时退刀方便，或使砂轮磨削端面时保证肩部垂直；在车螺纹时为了退刀方便，一般也在肩部车有沟槽。这些沟槽在机器中的另一个作用是使零件装配时有一个正确的轴向位置。

一般普通零件都用外圆沟槽（图 4-1a）。要求较高并需要磨削外圆和端面的零件常采用 45°外沟槽或外圆端面沟槽（图 4-1b、c）。这些沟槽在加工时除了保证图样上标注的宽度

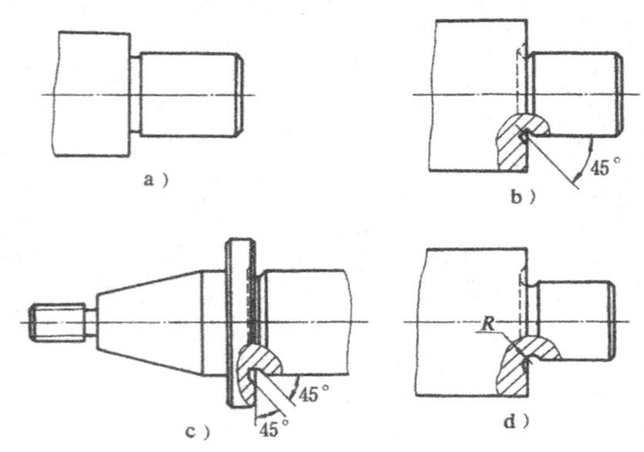

图 4-1　常见的各种沟槽

a）外圆沟槽　b）45°外沟槽　c）外圆端面沟槽　d）圆弧沟槽

和深度尺寸合格外，一般还要使沟槽端面与零件的轴线垂直。对动力机械和受力较大的零件常采用圆弧沟槽（图 4-1d）。

形状比较复杂的端面沟槽，如车床中滑板转盘面的T形槽，磨床砂轮连接盘上的燕尾槽和内圆磨具端盖的平面槽（图 4-2），也是在车床上加工的。

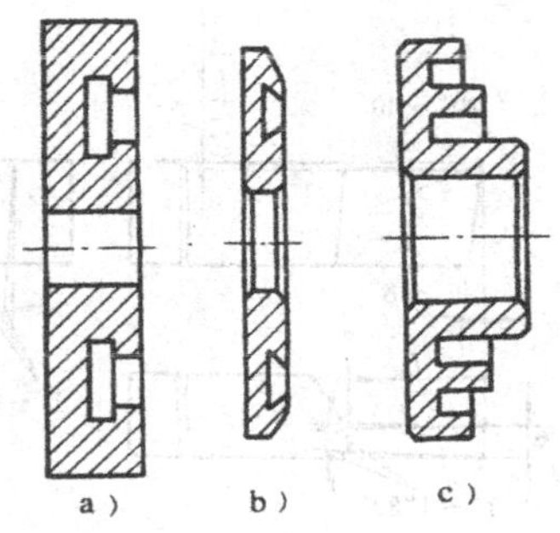

图 4-2　端面沟槽
a）T形槽　b）燕尾槽　c）平面槽

第一节　切　断　刀

一、切断刀的种类和几何形状

切断刀以横向进给为主，前端的切削刃是主切削刃，两侧的切削刃是副切削刃。为了减少工件材料的浪费和切断时能切到工件的中心，一般切断刀的主切削刃较狭，刀头较长，刀头强度比其他车刀差，所以在选择几何参数和切削用量时应特别注意。

1. 高速钢切断刀（图 4-3）

（1）前角（γ_o）　切断中碳钢时，$\gamma_o=20°\sim30°$；切断铸铁时，$\gamma_o=0°\sim10°$。

（2）主后角（α_o）　$\alpha_o=6°\sim8°$。

（3）副后角（α'_o）　切断刀有两个对称的副后角 $\alpha'_o=1°\sim2°$。它们的作用是减少切断刀副后刀面和工件的摩擦。考虑到切断刀刀头狭而长，两个副后角不能太大。

（4）主偏角（κ_r）　切断刀以横向进给为主，因此 $\kappa_r=90°$。

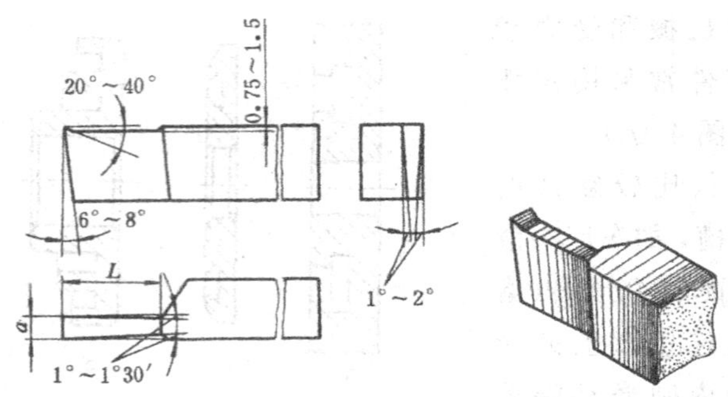

图 4-3　高速钢切断刀

(5) 副偏角 (κ'_r)　切断刀的两个副偏角也必须对称。它们的作用是减少副切削刃和工件的摩擦。为了不削弱刀头强度，κ'_r 取 1°～1°30′。

(6) 主切削刃宽度 (a)　主切削刃太宽会因切削力增大而引起振动，并浪费工件材料，太狭又容易使刀头折断。主切削刃宽度 a 可用下面的经验公式计算

$$a \approx (0.5 \sim 0.6)\sqrt{D} \tag{4-1}$$

式中　a——主切削刃宽度 (mm)；

D——工件直径 (mm)。

(7) 刀头长度 (L)　刀头太长也容易引起振动和使刀头折断。刀头长度 L 可用下式计算

$$L = h + (2 \sim 3)\text{mm} \tag{4-2}$$

式中　L——刀头长度 (mm)；

h——切入深度 (mm) (图 4-4)。切断实心工件时，切入深度等于工件半径。

为了使切削顺利，在切断刀的前刀面上应磨出一个较浅

的卷屑槽。一般深度为 0.75～1.5mm，但长度应超过切入深度。卷屑槽过深，会削弱刀头强度。

为了防止切下的工件端面留有小凸头，以及使带孔工件不留边缘，可以将切断刀主切削刃略磨斜些（图 4-5）。

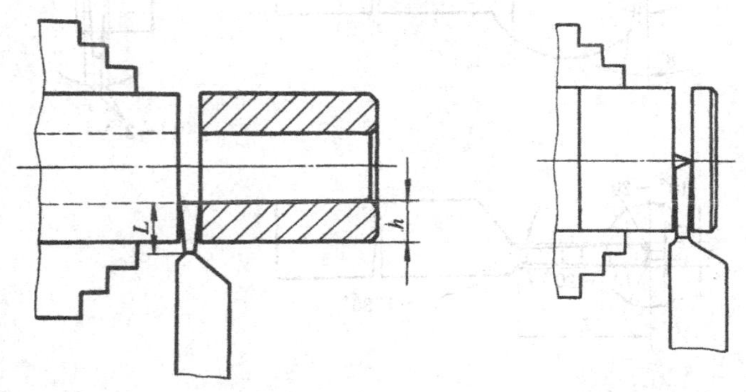

图 4-4　切断刀的刀头长度　　　　图 4-5　斜刃切断刀

2. 硬质合金切断刀（图 4-6）　随着高速切削的普遍采用，硬质合金切断刀的应用也越来越广泛。一般切断时，由于切屑和工件槽宽相等容易堵塞在槽内。为了排屑顺利，可把主切削刃两边倒角或磨成人字形（图 4-6）。

高速切断时，产生大量的切削热。为了防止刀片脱焊，必须加注充分的切削液。发现切削刃磨钝，应及时刃磨。为了增加刀头的支承强度，常将切断刀的刀头下部做成凸圆弧形。

3. 弹性切断刀（图 4-7）　为了节省高速钢，切断刀可以做成片状，再装夹在弹性刀杆上。这样既节约了刀具材料，刀杆又有弹性。当进给量过大时，由于弹性刀杆受力变形，刀杆弯曲中心在上面，刀头会自动退让出一些。因此切割时不容易“扎刀”，切断刀不易折断。

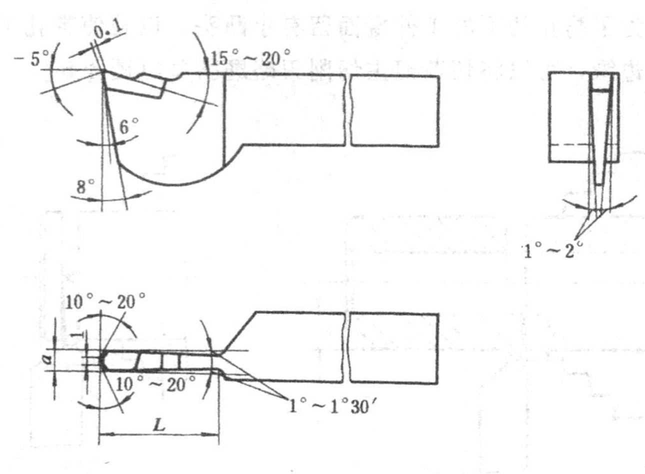

图 4-6　硬质合金切断刀

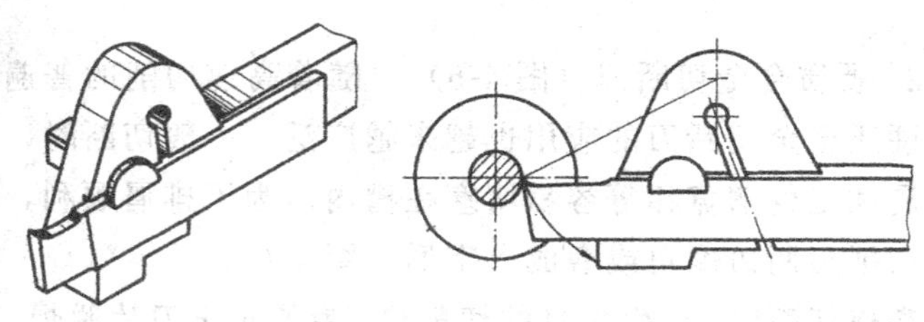

图 4-7　弹性切断刀

4. 反切刀（图 4-8）　切断直径较大的工件时，因刀头长刚性差，很容易引起振动，这时可采用反向切断法，即工件反转，使用反切刀来切断。这样可以使切断时作用在工件上的切削力与工件重力方向一致，不易引起振动，而且，切断时切屑向下面排出，不容易堵塞在槽中。

使用反向切断法时，卡盘和主轴的连接部位必须装有保险装置，以防卡盘倒转时从主轴上脱开而发生事故。

车一般外沟槽的切槽刀的角度和形状与切断刀基本相同。车狭的外沟槽时，切槽刀的主切削刃宽度应与槽宽相等，但刀头长度只需稍大于槽深。

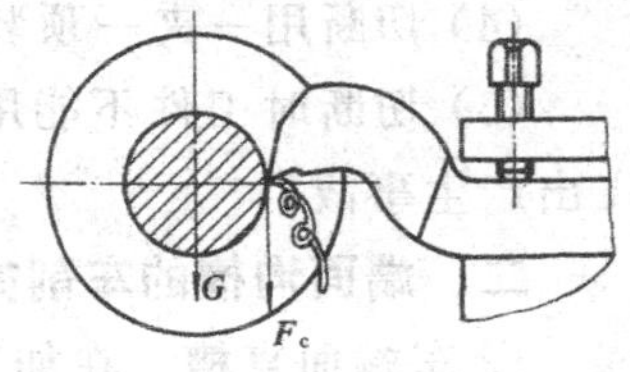

图 4-8　反向切断法和反切刀

二、切断刀的刃磨要求和装夹

1. 切断刀的刃磨要求　刃磨切断刀时，必须保证两副后刀面平直、对称，使两个副偏角和两个副后角角度相等，且位置对称。根据式 (4-1)、(4-2) 决定主切削刃宽度和刀头长度。在两个刀尖处各磨一个小圆弧过渡刃，以增加刀尖强度。

2. 切断刀的装夹

(1) 切断刀伸出不宜过长，刀头中心线必须装得与工件轴线垂直，以保证两副偏角相等。

(2) 切断实心工件时，切断刀必须装得与工件轴线等高，否则不能切到中心，而且容易使切断刀折断。

(3) 切断刀底面应平整，否则会使两副后角不对称。

第二节　切断和车沟槽

一、切断时的注意事项

(1) 切断毛坯表面的工件前，最好先将工件车圆整，或开始时尽量减小进给量，以免"扎刀"而损坏车刀。

(2) 手动进给切断时，摇动手柄应连续、均匀，以避免由于切断刀与工件表面摩擦增大，使工件表面产生冷硬现象，而使刀具加快磨损。如中途停车，应先退刀后停车。

(3) 切断用卡盘装夹的工件时，切断位置应尽可能靠近卡盘。否则容易引起振动，或使工件抬起而压断切断刀。

(4) 切断用一夹一顶装夹的工件时，工件不应全部切断。

(5) 切断时工件不能用两顶尖装夹，否则切断后工件会飞出产生事故。

二、端面沟槽的车削方法

1. 车端面直槽　在加工一般沟槽时，因为车槽刀是从外圆切入，和一般的切断刀一样，车刀两面对称，两副后角相等。但在端面上切直槽时，车槽刀的一个刀尖 a 相当于车削内孔，因此刀尖 a 处的副后刀面必须按端面槽圆弧的大小刃磨成圆弧形（图 4-9），并磨有一定的后角，这样可防止副后刀面与槽的圆弧相碰。

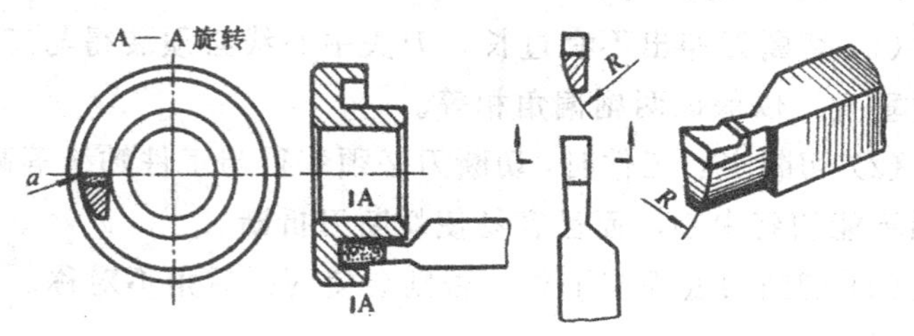

图 4-9　端面车槽刀的形状

对于较深的端面直槽，为了增加刀头的支承刚性，可在车刀后刀面制成圆弧形的加强肋（图 4-10）。

2. 车 45°外沟槽　45°外沟槽车刀与一般端面车槽刀相同，刀尖 a 处的副后刀面磨成相应的圆弧（图 4-11a）。车削时，将小滑板转过45°用小滑板进给车削成形。

圆弧沟槽的车削跟45°外沟槽相同，但车刀应根据沟槽圆弧磨成相应的圆弧形切削刃（图4-11b）。

车削外圆端面沟槽时，其车刀形状见图4-11c。

3. 车T形槽　T形槽的车削比较复杂，必须使用三种车刀分三步才能完成（图4-12）。

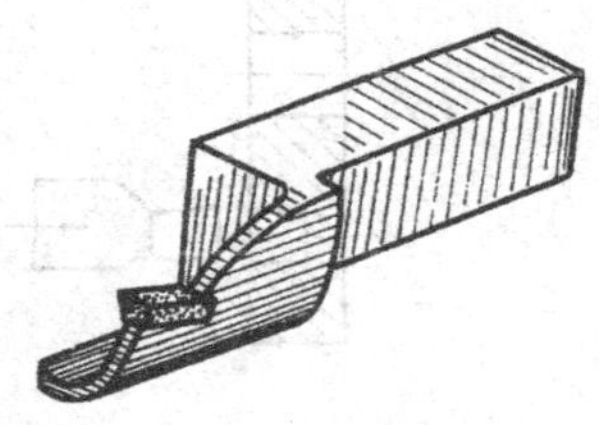

图4-10　带有加强肋的端面切槽刀

第一步用端面车槽刀切端面直槽；第二步用弯头右车槽刀车外侧沟槽；第三步用弯头左车槽刀车内侧沟槽。弯头车槽刀的主切削刃宽度应等于槽宽 a，L 应小于 b，否则车槽刀无法进入槽内。其次，弯头车槽刀进入端面直槽时，为了避免车刀侧面与工件相碰，应相应磨成圆弧形（图4-12）。

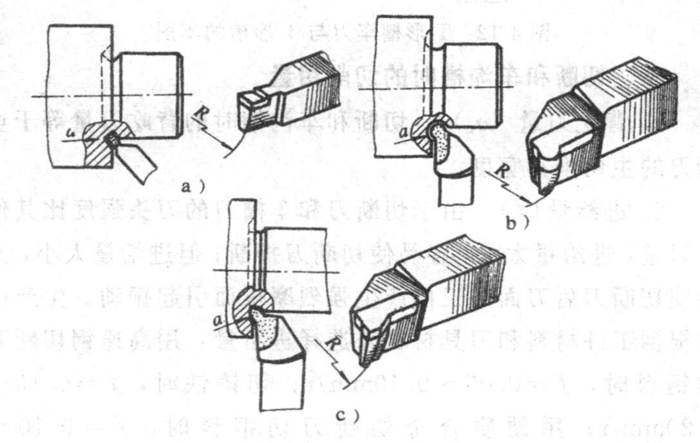

图4-11　端面沟槽车刀

a）45°外沟槽车刀　b）圆弧沟槽车刀　c）外圆端面沟槽车刀

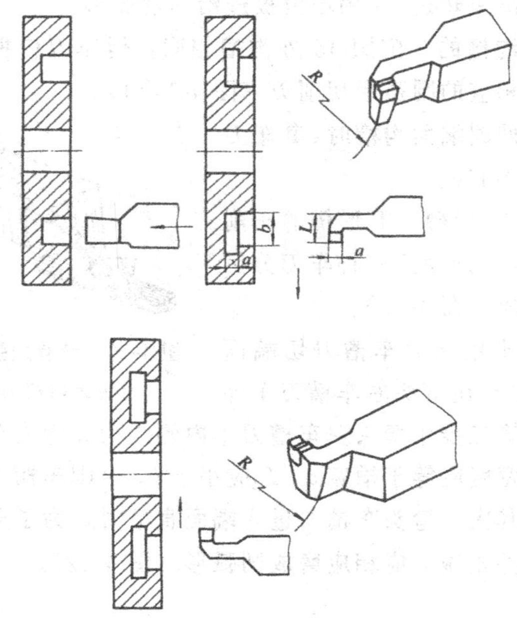

图 4-12 T 形槽车刀与 T 形槽的车削

三、切断和车沟槽时的切削用量

1. 背吃刀量（a_p） 切断和车沟槽时的背吃刀量等于切断刀的主切削刃宽度。

2. 进给量(f) 由于切断刀和车槽刀的刀头强度比其他车刀差，进给量太大，容易使切断刀折断；但进给量太小，又会使切断刀后刀面与工件产生强烈摩擦而引起振动。生产中常根据工件材料和刀具材料来选择进给量：用高速钢切断刀切钢料时，$f=0.05\sim0.10$mm/r；切铸铁时，$f=0.10\sim0.20$mm/r；用硬质合金切断刀切钢料时，$f=0.10\sim0.20$mm/r；切铸铁时 $f=0.15\sim0.25$mm/r。

3. 切削速度（v_c） 用高速钢切断刀切钢料时，v_c 取 30

～40m/min；切铸铁时，v_c 取 15～25m/min；用硬质合金切断刀切钢料时，v_c 取 80～120m/min；切铸铁时，v_c 取 60～80m/min。

4. 切削液　切断和车槽时，刀头伸入工件槽内，周围被工件和切屑包围，切削热不易传散，为了降低切削区的温度，无论是用高速钢或硬质合金刀具切断时，都必须充分浇注以冷却为主的切削液。

四、切断刀折断的原因

切断刀刀头强度较差，很容易折断，折断原因是：

(1) 切断刀的几何形状刃磨得不正确。例如，副偏角和副后角太大；卷屑槽过深；主切削刃太狭；刀头过长等，都会大大削弱刀头强度。若刀头歪斜，切断时两边受力不均，也会使切断刀折断。

(2) 切断刀装夹时与工件轴线不垂直，使两副偏角不相等，或没有对准工件轴线。

(3) 进给量太大。

(4) 切断刀前角太大，中滑板松动，切断时容易引起“扎刀”，从而导致切断刀折断。

为防止切断刀折断，在操作时应针对上述原因预先检查并纠正。

五、防止切断时振动的方法

切断时，往往容易产生振动，使切削无法正常进行，甚至可能损坏刀具。为防止振动，可采用下述方法：

(1) 适当增大切断刀前角，以降低切削力。

(2) 在切断刀的主切削刃中间磨 $R0.5$mm 左右的凹槽(消振槽)。这样既能消除振动，还能起导向作用，保证切断面的平直。

(3) 大直径工件采用反向切断法，能防止振动，并使排屑顺利。

(4) 选用合适的主切削刃宽度。

(5) 在切断刀伸入工件部分的刀柄下面制成“鱼肚形”或圆弧形加强肋等形状，以减少因刀柄刚性差而引起的振动。

(6) 适当调整车床主轴间隙，中、小滑板间隙。

六、产生废品的原因及预防措施

切断和车沟槽时，常见废品产生的原因及预防措施见表4-1。

表 4-1 切断和车沟槽时产生废品的原因及预防措施

废品种类	产生原因	预防措施
沟槽尺寸不正确	1. 主切削刃太宽或太狭 2. 没有及时测量或测量不正确 3. 尺寸计算错误	根据沟槽宽度刃磨主切削刃宽度 车槽过程中及时、正确测量 仔细计算尺寸，对留有磨削余量的工件，车槽时必须把磨削余量考虑进去
切下的工件表面凹凸不平（尤其是薄工件）	1. 切断刀强度不够，主切削刃不平直，切削时由于切削力作用使刀具偏斜，切下的工件凹凸不平 2. 刀尖圆弧刃磨或磨损不一致，使主切削刃受力不均而产生凹凸面 3. 切断刀装夹不正确 4. 刀具角度刃磨不正确，两副偏角过大而且不对称，降低了刀头强度，产生“让刀”现象	增加切断刀的强度，刃磨时必须使主切削刃平直 刃磨时保证两刀尖圆弧对称 正确装夹切断刀 正确刃磨切断刀，保证两副偏角对称

第三节 轴类零件的车削工艺分析

加工如图 4-13 所示的台阶轴。工件数量每批为 80 件。

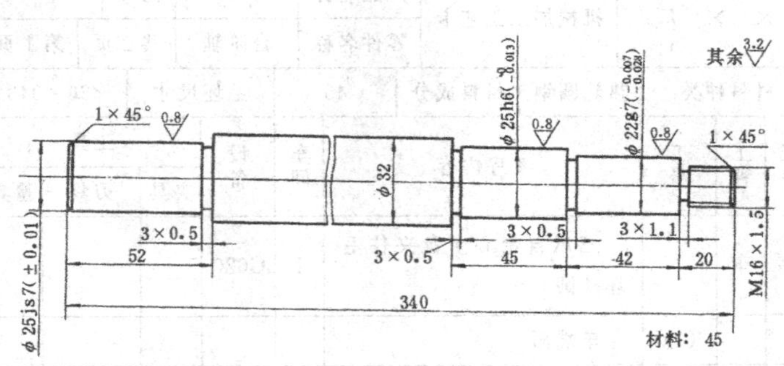

图 4-13　台阶轴

车削工艺分析如下：

(1) 由于轴的各台阶之间尺寸相差不大，因此毛坯可选用热轧圆钢。

(2) 毛坯直径为 φ36，而 C620-1 型车床主轴孔能通过棒料直径为 φ37，可将工件伸入主轴孔内夹住，车端面和钻中心孔。

(3) 各轴颈表面粗糙度细，须经磨削，对车削要求不高。因此，可采用一夹一顶装夹方法车削。一夹一顶装夹刚性好，切削用量可选得较大，轴向定位较正确，台阶长度容易控制。但是，一夹一顶装夹不能两端预先钻好中心孔，必须在一端车削后，另一端采用搭中心架，钻中心孔才能保证同轴度。

(4) 工件形状精度和位置精度要求不高，中心孔可选用 A 型。

其他工序分析从略。

台阶轴机械加工工艺卡列于表 4-2。

表 4-2　台阶轴机械加工工艺卡　　(mm)

× × 厂	机械加工工艺卡	产品名称		图号	
		零件名称	台阶轴	共 2 页	第 1 页

材料种类	热轧圆钢	材料成分	45	毛坯尺寸	$\phi36\times343$

工序	工种	工步	工序内容	车间	设备	工具		
						夹具	刃具	量具
1	车		三爪自定心卡盘夹住毛坯外圆	I	C620			
		(1)	车端面					
		(2)	钻中心孔 $\phi2.5$，表面粗糙度 $R_a1.6\mu m$				$\phi2.5$ 中心钻	
2	车		一端夹牢，一端顶住	I	C620			
		(1)	车 $\phi32$ 外圆至尺寸，长度大于 290					
		(2)	车 $\phi25h6$ 至 $\phi25.5_{-0.1}^{0}$					
		(3)	车 $\phi22g7$ 至 $\phi22.5_{-0.1}^{0}$					
		(4)	车 $M16\times1.5$ 外径至 $\phi16_{-0.3}^{-0.1}$					
		(5)	车沟槽 2—3×0.5 至尺寸，3×1.1 至尺寸					
		(6)	倒角 1.5×45°，其余未注明倒角 0.5×45°					
			注意：沟槽倒角除去留磨余量					

（续）

× × 厂			机械加工工艺卡		产品名称		图号	
					零件名称	台阶轴	共 2 页	第 2 页
材料种类		热轧圆钢	材料成分		45	毛坯尺寸		ϕ36×343
工序	工种	工步	工序内容	车间	设备	工具		
						夹具	刃具	量具
3	车		调头，一端夹住，一端搭中心架找正	I	C620			
		(1)	车端面，取正总长 340					
		(2)	钻中心孔 ϕ2.5，表面粗糙度 R_a1.6μm				ϕ2.5 中心钻	
4	车		一端夹住，一端顶住	I	C620			
		(1)	车 ϕ25js7 至 $\phi25.4_{-0.1}^{\ 0}$					
		(2)	车沟槽 3×0.5 至尺寸					
5	车		夹住 ϕ32 外圆	I	C620			
		(1)	套螺纹 M16×1.5 至尺寸	I	C620		M16×1.5 板牙	
			检查					
6	磨		以下略					

复 习 题

1. 轴肩的沟槽常有几种形式？各有什么作用？

2. 画图表示硬质合金切断刀的几何形状，并注上主要的角度。

3. 切断外径为70mm，孔径为30mm的工件，试计算切断刀的主切削刃宽度和刀头长度。

4. 使用弹性刀杆的切断刀有什么好处？

5. 反向切断法有什么优点？使用时应注意什么问题？

6. 切断刀的刃磨和装夹有什么要求？

7. 端面车槽刀的几何形状有什么特殊要求？

8. 怎样防止切断刀折断？

9. 怎样防止切断时振动？

第五章　套类零件的车削

第一节　套类零件的技术要求和加工特点

在机器上的各种轴承套、齿轮、带轮等，因支承和连接配合的需要，一般做成带圆柱孔的（图 5-1）。为了方便，我们把以上带孔的零件均作为套类零件加工来介绍。

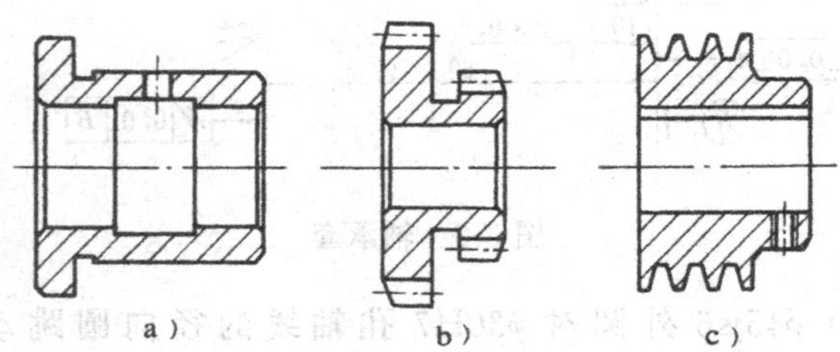

图 5-1　带圆柱孔零件

a）轴承套　b）齿轮　c）带轮

套类零件上作为配合的孔，一般都要求较高的尺寸精度（IT7～IT8）、较细的表面粗糙度（R_a2.5～0.2μm）和较高的形位精度。

一、套类零件的技术要求

较典型的轴承套零件见图 5-2。它的技术要求是：

1. 形状精度

(1) ϕ30H7 孔的圆度公差为 0.01mm。

(2) ϕ45js6 外圆的圆度公差为 0.005mm。

2. 位置精度

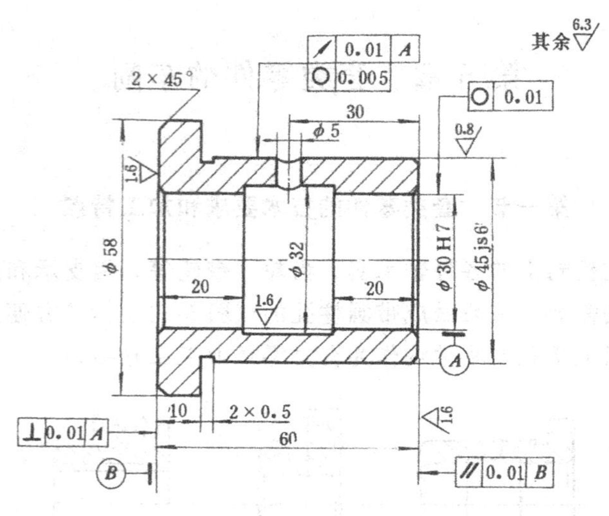

图 5-2　轴承套

(1) φ45js6 外圆对 φ30H7 孔轴线的径向圆跳动公差 0.01mm

(2) 左端面对 φ30H7 孔轴线的垂直度公差为 0.01mm。

(3) φ45js6 孔的右端面对 *B* 面平行度公差为 0.01mm。

二、套类零件的加工特点

套类零件主要是圆柱孔的加工比车削外圆要困难得多，因为：

(1) 孔加工是在工件内部进行的，观察切削情况很困难。尤其是孔小而深时，根本无法观察。

(2) 刀杆尺寸由于受孔径和孔深的限制，不能做得太粗，又不能太短，因此刚性很差，特别是加工孔径小、长度长的孔时，更为突出。

(3) 排屑和冷却困难。

(4) 圆柱孔的测量比外圆困难。

另外，加工时必须采取有效措施来达到套类零件的各项形位精度。当工件的壁厚较薄时，加工时容易变形，加工更困难。

第二节 钻 孔

在实心材料上加工内孔时，首先必须用钻头钻孔。钻头根据构造和用途不同，可分为：扁钻、麻花钻、中心钻、锪孔钻、深孔钻等。钻头一般用高速钢制成。近几年来，由于高速切削的发展，镶硬质合金的钻头也得到了广泛应用。本节只介绍麻花钻。

一、麻花钻的几何形状

1. 麻花钻的组成部分（图 5-3）

(1) 柄部　钻削时起传递扭矩和钻头的夹持定心作用。

麻花钻有直柄和莫氏锥柄两种。直柄钻头的直径一般为 0.3～16mm。莫氏锥柄的钻头直径见表 5-1。

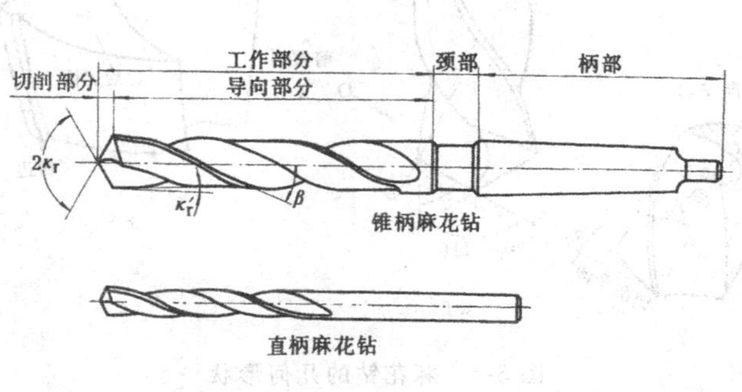

图 5-3　麻花钻的组成部分

表 5-1 莫氏锥柄钻头直径

莫氏锥柄号	1	2	3	4	5	6
钻头直径/mm	≥3～14	>14～23.02	>23.02～31.75	>31.75～50.8	>50.8～76.2	>76.2～80

(2) 颈部　直径较大的钻头在颈部标注有商标、钻头直径和材料牌号。

(3) 工作部分　这是钻头的主要部分，由切削部分和导向部分组成，起切削和导向作用。

为了节约高速钢，较大直径的麻花钻的柄部材料为优质碳素钢。

2. 麻花钻工作部分的几何形状（图 5-4）　麻花钻的切削部分可看作是正反的两把车刀，所以它的几何角度的概念与车刀基本相同，但也有其特殊性。

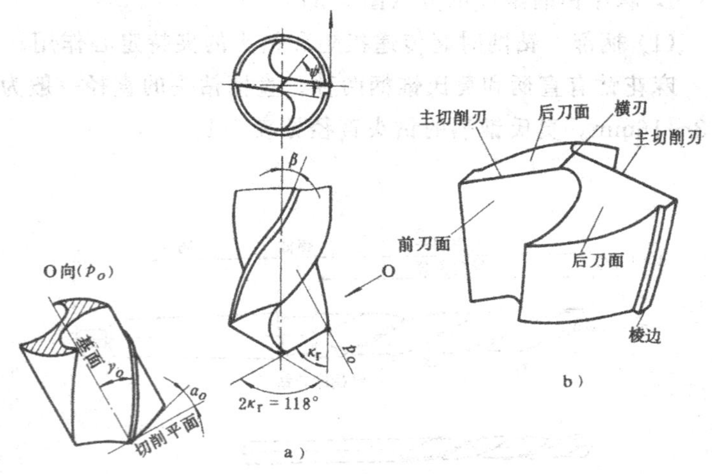

图 5-4　麻花钻的几何形状

a) 麻花钻的角度　b) 外形图

(1) 螺旋槽　钻头的工作部分有两条螺旋槽，它的作用是构成切削刃、排出切屑和通切削液。

螺旋角 (β) 是螺旋槽上最外缘的螺旋线展开成直线后与轴线之间的夹角。由于同一个钻头的螺旋槽导程是一定的，所以不同直径处螺旋角是不同的，越近中心处的螺旋角越小。钻头上的名义螺旋角是指外缘处的螺旋角（图 5-4)。标准麻花钻的螺旋角在 18°～30°之间。

(2) 前刀面　指螺旋槽面。

(3) 后刀面　指钻顶的螺旋圆锥面。

(4) 顶角 (2ϕ)　钻头两主切削刃之间的夹角。顶角大，主切削刃短，定心差，钻出的孔容易扩大。另一方面，顶角大，前角也增大，切削省力些。顶角小，则反之。一般标准麻花钻的顶角为 118°。

当麻花钻顶角为 118°时，两主切削刃为直线，如果顶角不等于 118°时，主切削刃就变为曲线，见图 5-5。磨钻头时，基本上可以根据图 5-5 所示的切削刃形状来鉴别顶角的大小。

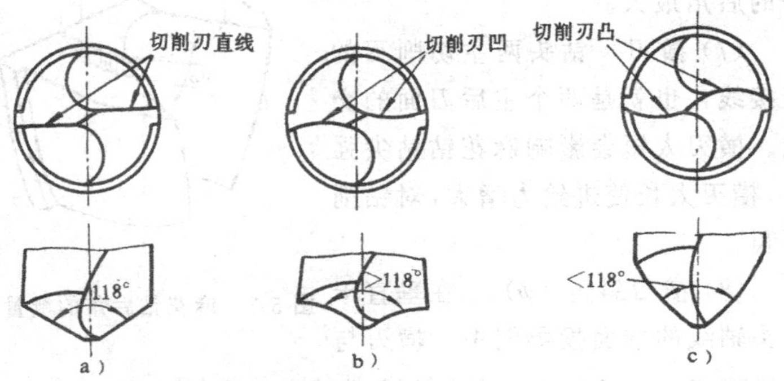

图 5-5　麻花钻顶角大小对切削刃的影响

a) $2\kappa_r=118°$　b) $2\kappa_r>118°$　c) $2\kappa_r<118°$

(5) 前角 (γ_o)　前角是基面与前刀面的夹角。麻花钻前角的大小与螺旋角、顶角、钻心直径等有关，而其中影响最大的是螺旋角。螺旋角越大，前角也越大。由于螺旋角随直径的大小而改变，所以前角也是变化的，见图5-6。螺旋角靠近外缘处最大，自外缘向中心逐渐减小，并且约在中心 $1/3D$ 以内开始为负前角。前角的变化范围大约为＋30°～－30°。

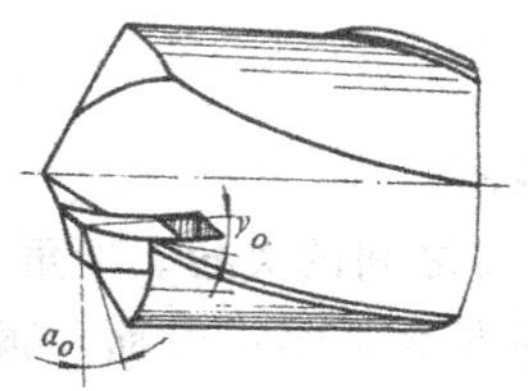

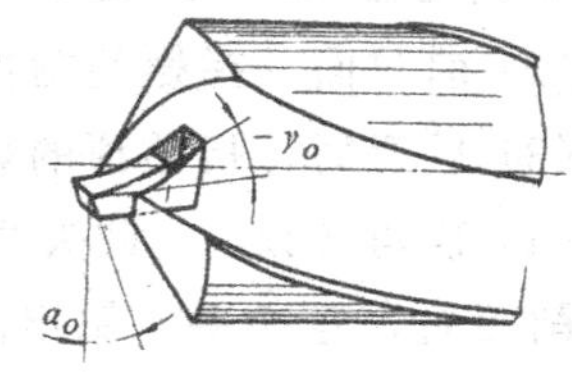

图 5-6　麻花钻前角的变化

(6) 后角 (α_o)　后角是切削平面与后刀面的夹角。为了测量方便，后角是在圆柱面内测量，见图 5-7。钻头的后角也是变化的，靠近外缘处的后角最小，接近中心处的后角最大。

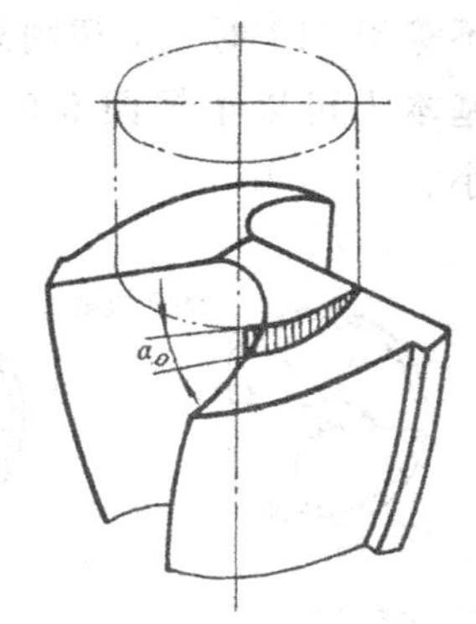

图 5-7　麻花钻后角的测量

(7) 横刃　钻头两主切削刃的连接线，也就是两个主后刀面的交线。横刃太短会影响麻花钻钻尖强度，横刃太长使进给力增大，对钻削不利。

(8) 横刃斜角 (ψ)　在垂直于钻头轴线的端面投影图中，横刃与主切削刃之间的夹角。它的大小由后角的大小决定。后角大时，横刃斜角就减小、横刃变长，钻削时进给力增大，后角小时，情况相反。横刃斜角一般为 55°。

(9) 棱边和倒锥　麻花钻的导向部分在切削过程中能保持钻削方向，修光孔壁以及作为切削部分的后备部分。但在切削过程中，为了减少与孔壁之间的摩擦，在麻花钻上特地制出了两条倒锥形的刃带（即棱边）。

二、麻花钻的刃磨要求和修磨

1. 麻花钻的刃磨要求　麻花钻的刃磨质量直接关系到钻孔质量和钻削效率。

麻花钻刃磨时，一般只刃磨两个后刀面，但同时要保证后角、顶角和横刃斜角正确。所以麻花钻的刃磨是比较困难的。

麻花钻刃磨后必须达到下列两个要求：

(1) 麻花钻的两条主切削刃应该对称，也就是两主切削刃与钻头轴线成相同的角度，并且长度相等（图 5-8a)。

(2) 横刃斜角为 55°。

刃磨得不正确的钻头有：顶角不对称，切削刃长度不等，顶角和切削刃长度都不对称等。

用顶角磨得不对称的钻头钻削时，只有一个切削刃在切削，而另一个切削刃不起作用。两边受力不平衡，结果使钻出的孔扩大和倾斜（图 5-8b)。

钻头的顶角磨得对称，但切削刃长度不一样时，钻孔的情况见图 5-8c。钻头的工作中心由 $O \sim O_1$ 移到 $O' \sim O'_1$ 使钻出的孔径必定大于钻头直径。

刃磨得不正确的钻头，由于切削不均匀，会使钻头很快地磨损。

2. 普通麻花钻的优缺点

普通麻花钻的优点：

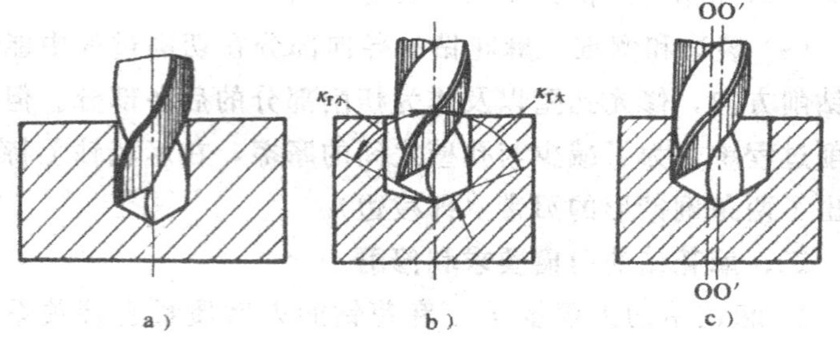

图 5-8 钻头刃磨情况对加工的影响

a）刃磨正确 b）顶角不对称 c）切削刃长度不等

（1）钻身上有螺旋槽，不必刃磨前刀面，就有一定的前角。重磨时，只需刃磨后刀面。

（2）钻孔用双刃切削，不易产生振动。

（3）钻身上有螺旋形的棱边，钻孔时导向作用好，轴线不容易歪斜。

（4）钻头工作部分较长，因而使用寿命较长。

普通麻花钻的缺点：

（1）主切削刃上各点的前角是变化的，靠外缘处前角大，接近钻心处已变为很大的负前角，使切削阻力增加，切削条件变差。

（2）横刃太长，加以该处有很大的负前角（－54°～－60°），钻孔时起的作用实际上是挤压和刮削，所以横刃的存在，钻削时会消耗大量的能量，产生大量的热量，而且使进给力大，定心差。

（3）棱边上无后角，直接与孔壁发生摩擦。而且，该处切削速度最高，产生热量多，所以磨损较快。

3. 麻花钻的修磨 针对麻花钻的上述缺点，可根据不同的工件材料和切削条件对麻花钻进行修磨。

(1) 修磨横刃　修磨横刃有修短横刃和改善横刃前角两种方法，见图 5-9a。通常把这两种方法结合起来使用。

修磨的原则是：工件材料越软，横刃修磨得越短；工件材料越硬，横刃应少修磨些。

(2) 修磨前刀面　修磨前刀面有两种：一种是修磨外缘处的前刀面，以减小前角（图 5-9b）；另一种是修磨横刃处的前刀面，以增大前角（图 5-9a）。这两种方法可分开应用，也可结合应用。

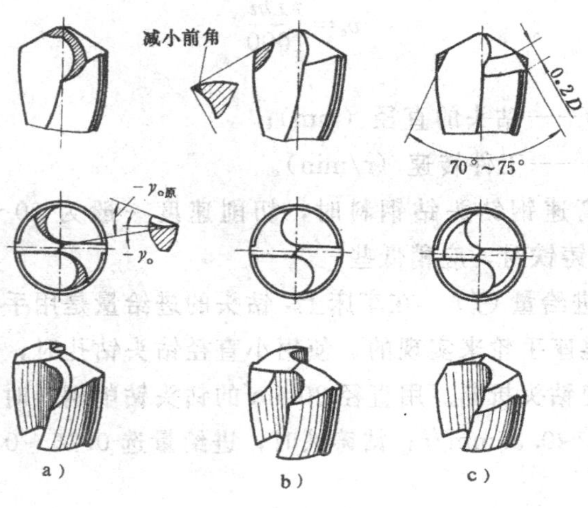

图 5-9　麻花钻的修磨

a) 修磨横刃　b) 修磨前刀面　c) 双重刃磨

修磨的原则是：工件材料越软，应修磨横刃处的前刀面，以加大前角，减小切削力，使切削顺利；工件材料越硬，应修磨外缘处的前刀面，以减小前角，使钻头增加强度。用麻花钻扩孔时，为了避免钻头“扎刀”，可把外缘处的前角磨小。

(3) 双重刃磨　在同一个钻头上，外缘处的切削速度最高，最容易磨损。因此，可采用双重刃磨法（图 5-9c）来增加这部分的强度，减少钻头的磨损，并可使孔的粗糙度变细。

三、钻孔时的切削用量和切削液

1. 背吃刀量（a_p）　钻孔时的背吃刀量是钻头直径的一半。因此它是随着钻头直径大小而改变的。

2. 切削速度（v_c）　钻孔时切削速度可按下式计算

$$v_c=\frac{\pi Dn}{1000}$$

式中　D——钻头的直径（mm）；

n——工件转速（r/min）。

用高速钢钻头钻钢料时，切削速度一般为 20～40m/min。钻铸铁时，应稍低些。

3. 进给量（f）　在车床上，钻头的进给量是用手慢慢转动车床尾座手轮来实现的。使用小直径钻头钻孔时，进给量太大会使钻头折断。用直径 30mm 的钻头钻削钢料时，进给量选 0.1～0.35mm/r；钻铸铁时，进给量选 0.15～0.4mm/r。

4. 切削液　钻削钢料时，为了不使钻头过热，必须加注充分的切削液。钻削铝时，可以用煤油；钻削铸铁、黄铜、青铜时，一般不用切削液，如果需要，也可用乳化液；钻削镁合金时，切忌用切削液，因为用切削液后会起氢化作用（助燃）而引起燃烧，甚至爆炸，只能用压缩空气来排屑和降温。

由于在车床上钻孔时，切削液很难深入到切削区，所以在加工过程中应经常退出钻头，以利排屑和冷却钻头。

第三节　扩孔和锪孔

用扩孔工具扩大工件孔径的加工方法称为扩孔。常用的扩孔刀具有麻花钻、扩孔钻等。一般工件的扩孔，可用麻花钻。对于孔的半精加工，可用扩孔钻。

一、用麻花钻扩孔

在实心材料上钻孔时，小孔径可一次钻出。如果孔径大，钻头直径也大，由于横刃长，进给力大，钻削时很费力，这时可分两次钻削。例如钻 50mm 直径的孔，可先用 25mm 的钻头钻一孔，然后用 50mm 的钻头将孔扩大。

扩孔时，由于钻头横刃不参加工作，进给力减小，进给省力，但由于钻头外缘处的前角大，容易把钻头拉进去，使钻头在尾座套筒内打滑。因此，在扩孔时，应把钻头外缘处的前角修磨得小些，并对进给量加以适当控制，决不要因为钻削轻松而加大进给量。

二、用扩孔钻扩孔

扩孔钻有高速钢扩孔钻和硬质合金扩孔钻两种，见图 5-10a。扩孔钻在自动机床和镗床上用得较多，它的主要特点是：

(1) 切削刃不必自外缘一直到中心，这样就避免了横刃所引起的不良影响。

(2) 由于背吃刀量小（$a_p=\frac{D-d}{2}$，见图 5-10b)，切屑少，钻心粗，刚性好，且排屑容易，可提高切削用量。

(3) 由于切屑少，容屑槽可以做得小些，因此扩孔钻的刀齿可比麻花钻多（一般有 3～4 齿)，导向性比麻花钻好。因此，可提高生产效率，改善加工质量。

扩孔精度一般可达公差等级IT9～IT10，表面粗糙度R_a5～10μm。扩孔钻一般用于孔的半精加工。

用锪削方法加工平底或锥形沉孔，叫做锪孔。车工常用的是圆锥形锪钻。

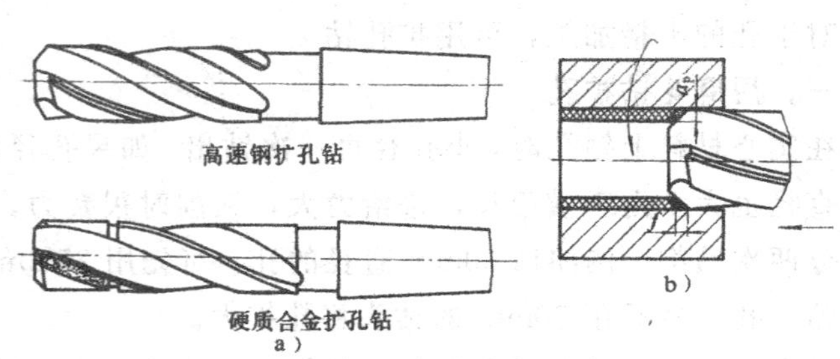

图 5-10 扩孔钻和扩孔

a）扩孔钻 b）切削用量

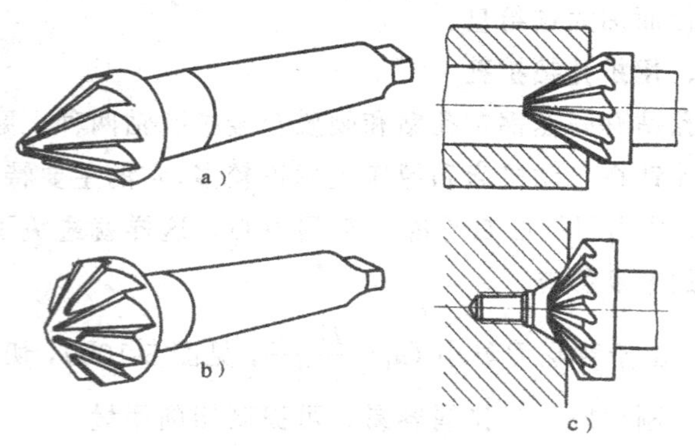

图 5-11 圆锥形锪钻

a）60°锪钻 b）120°锪钻 c）工作情况

三、圆锥形锪钻

有些零件钻孔后需要孔口倒角，有些零件要用顶尖顶住孔口加工外圆，这时可用锥形锪钻（图 5-11）在孔口锪出锥孔。

圆锥形锪钻有 60°、75°、90°、120°等几种。60°和 120°锪钻的工作情况见图 5-11c。75°锪钻用于锪埋头铆钉孔，90°锪钻用于锪埋头螺钉孔。

第四节　车　　孔

铸造孔、锻造孔或用钻头钻出来的孔，为了达到所要求的精度和表面粗糙度，还需要车孔。车孔是常用的孔加工方法之一，可以作粗加工，也可以作精加工，加工范围很广。车孔精度一般可达 IT7～IT8，表面粗糙度 $R_a 1 \sim 5\mu m$，精细车削可以达到更小（$< R_a 1\mu m$）。

一、内孔车刀

内孔车刀的几何形状：

根据不同的加工情况，内孔车刀可分为通孔车刀（图 5-12a）和不通孔车刀（图 5-12b）两种。

通孔车刀是车通孔用的，其切削部分的几何形状基本上与外圆车刀相似。为了减小背向力 F_p，防止振动，主偏角（κ_r）应取得较大，一般在 60°～75°之间，副偏角（κ_r'）为 15°～30°。为了防止车孔刀后刀面和孔壁的摩擦和不使车孔刀的后角磨得太大，一般磨成两个后角（见图 5-12c 中 α_{o1} 和 α_{o2}）。

不通孔车刀是用来车不通孔或台阶孔，切削部分的几何形状基本上与偏刀相似。它的主偏角大于 90°（$\kappa_r = 90° \sim 95°$），见图 5-12b。刀尖在刀杆的最前端，刀尖与刀杆外端的距离（a）应小于内孔半径（R），否则孔的底平面就无法车平。车内孔台阶时，只要不碰即可。

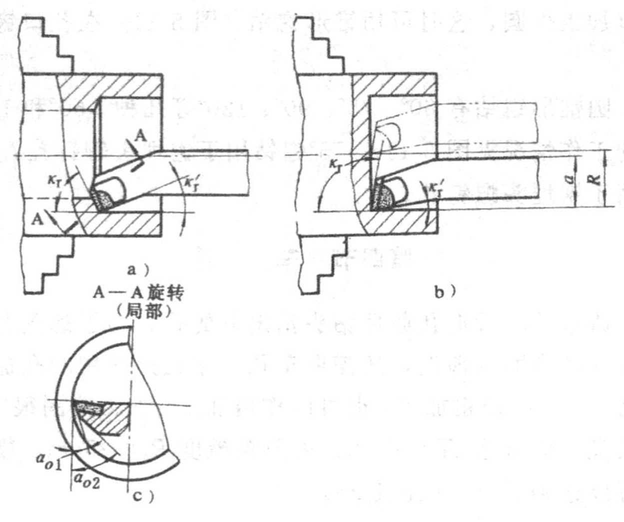

图 5-12　内孔车刀

a）通孔车刀　b）不通孔车刀　c）两个后角

为了节省刀具材料和增加刀柄强度，可以把高速钢或硬质合金做成很小的刀头，装在碳钢或合金钢制成的刀柄上（图 5-13），在顶端或上面用螺钉紧固。内孔车刀柄有车通孔的（图 5-13a）和车不通孔的（图 5-13b）两种。车不通孔的刀柄方孔应做成斜的。内孔车刀柄根据孔径大小及孔的深浅可做成几组，以便在加工时选择使用。

图 5-13a 和图 5-13b 所示的内孔车刀柄，其刀柄伸出长度固定，不能适应各种不同孔深的工件。图 5-13c 所示的方形长刀柄，可根据不同的孔深调整刀柄伸出长度，以利发挥刀柄的最大刚性。

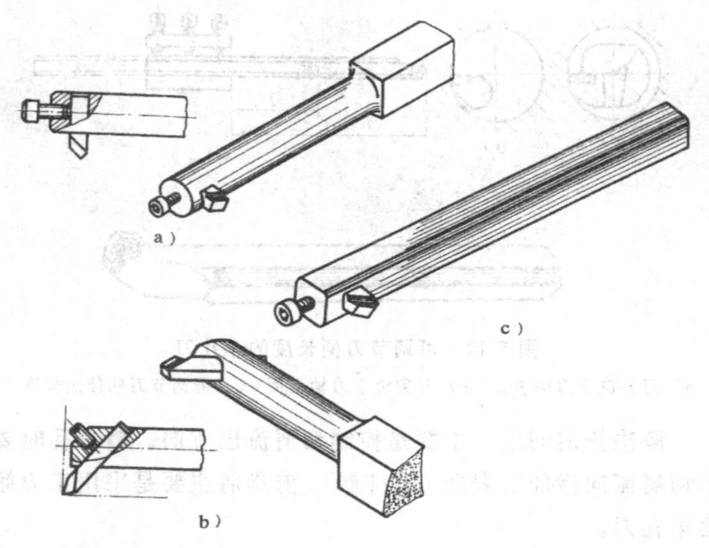

图 5-13　内孔车刀柄

a）通孔刀柄　b）不通孔刀柄　c）方形刀柄

二、车孔的关键技术

车孔的关键技术是解决内孔车刀的刚性和排屑问题。增加内孔车刀的刚性主要采取以下两项措施：

1. 尽量增加刀柄的截面积　一般的内孔车刀有一个缺点，刀柄的截面积小于孔截面积的四分之一，见图 5-14b。如果让内孔车刀的刀尖位于刀柄的中心线上，这样刀柄的截面积就可达到最大程度，见图 5-14a。

2. 刀柄的伸出长度尽可能缩短　如果刀柄伸出太长，就会降低刀柄刚性，容易引起振动。因此，为了增加刀柄刚性，刀柄伸出长度只要略大于孔深即可。而且，要求刀柄的伸长能根据孔深加以调节（图 5-13c）（图 5-14c）。

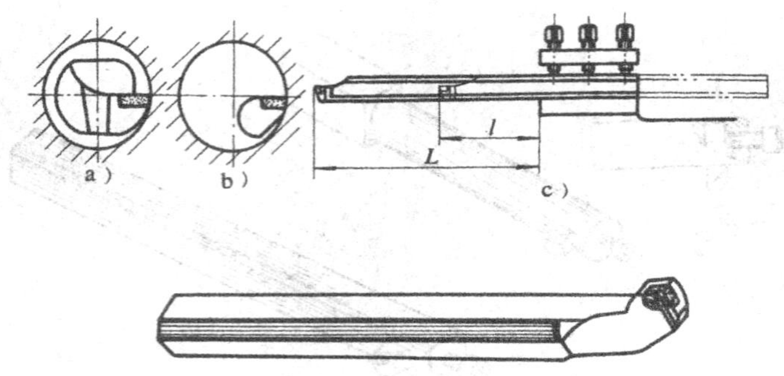

图 5-14　可调节刀柄长度的车孔刀

a）刀尖位于刀柄中心　b）刀尖位于刀柄上面　c）可调节刀柄伸出长度

解决排屑问题，主要是控制切屑流出方向。精车孔时要求切屑流向待加工表面（前排屑）。前排屑主要是采用正刃倾角车孔刀。

下面介绍一把典型的通孔车刀，见图 5-15。这种车孔刀的几何形状如下：$\kappa_r=75°$；$\kappa_r'=15°$；主切削刃上磨出 $\lambda_s=6°$ 的刃倾角，并磨出断屑槽或圆弧形卷屑槽，使切屑向前排出。

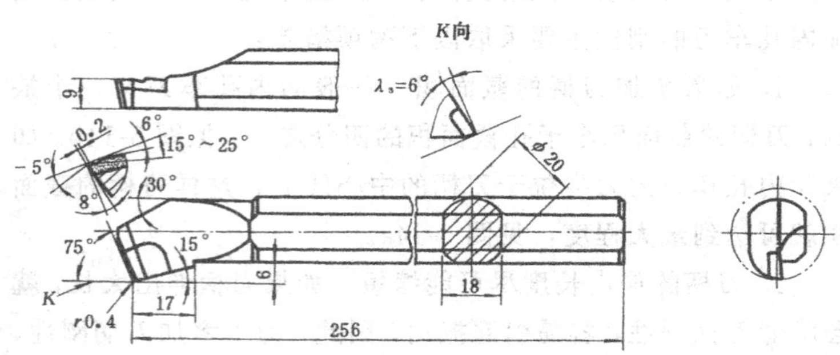

图 5-15　前排屑通孔车刀

这把车孔刀刀尖位于刀柄中心线上，这样刀柄在孔中截面积就可增大，刀柄刚性好。另外刀柄上下是两个平面，刀柄做得很长，可根据不同孔深调节刀柄伸出长度，以利发挥刀柄的最大刚性。

第五节 铰 孔

铰孔是精加工孔的主要方法之一，在成批生产中已被广泛采用。因为铰刀是一种尺寸精确的多刃刀具，由于铰刀切下的切屑很薄，并且孔壁经过它的圆柱部分修光，所以铰出的孔既精确又表面粗糙度细。同时铰刀的刚性比内孔车刀好，因此更适合加工小深孔。铰孔的精度可达IT7～IT9，表面粗糙度一般可达$R_a 1 \sim 2.5 \mu m$，甚至更细。

一、铰刀

1. 铰刀的几何形状 铰刀由工作部分和颈部及柄部组成，见图 5-16。

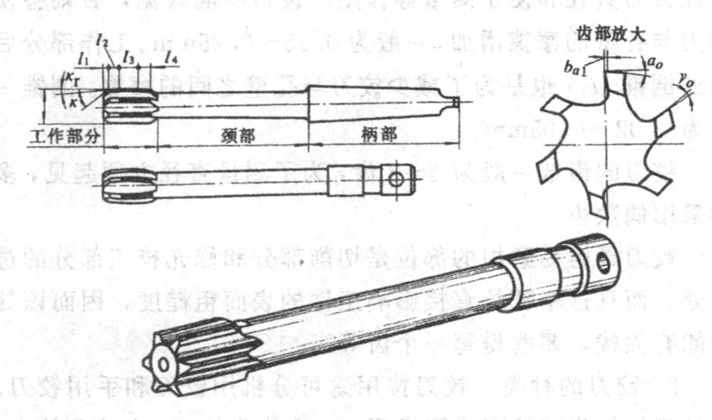

图 5-16 铰刀

柄部用来装夹和传递扭矩，有圆柱形、圆锥形和圆柄方榫形三种。

工作部分是由引导部分（l_1）、切削部分（l_2）、修光部分（l_3）和倒锥（l_4）组成。

引导部分是铰刀头部开始进入孔内的导向部分，其导向角（κ）一般为45°。

切削部分担任主要切削工作，能切下很薄的切屑。

铰刀的前角（γ_o）一般磨成零度。对于铰削表面粗糙度要求较细的铸件孔时，前角可采用−5°～0°。加工塑性材料时，前角可增大到5°～10°。

铰刀的后角（α_o）是为了减少铰刀与孔壁的摩擦，后角一般6°～10°。

铰刀的主偏角（κ_r）一般为3°～15°。加工铸件时，κ_r取3°～5°。加工钢料时，κ_r取12°～15°。主偏角大，定心差，切屑厚而窄；主偏角小，定心好，切屑薄而宽。

铰刀的修光部分上有棱边（b_{a1}），它起定向、修光孔壁、保证铰刀直径和便于测量等作用。棱边不能太宽，否则会使铰刀与孔壁的摩擦增加，一般为0.15～0.25mm。工作部分后部的倒锥（l_4）也是为了减少铰刀与孔壁之间的摩擦。倒锥一般为0.02～0.05mm。

铰刀的齿数一般为4～8齿，为了测量直径方便起见，多数采用偶数齿。

铰刀最容易磨损的部位是切削部分和修光校正部分的过渡处，而且这个部位直接影响工件的表面粗糙度，因而该处不能有尖棱，要磨得每一个齿等高。

2. 铰刀的种类　铰刀按用途可分机用铰刀和手用铰刀。机铰刀的柄为圆柱形或圆锥形，工作部分较短，主偏角较大。

标准机铰刀的主偏角（κ_r）为15°，这是由于已有车床尾座定向，因此不必做出很长的导向部分。手铰刀的柄部做成方榫形，以便套入扳手，用手转动铰刀来铰孔。它的工作部分较长，主偏角较小，一般为40′～4°。标准手铰刀为了容易定向和减小进给力，主偏角为40′～1°30′。

铰刀按切削部分材料分为高速钢和硬质合金两种。

下面介绍正刃倾角硬质合金铰刀（图5-17）。这种铰刀的结构特点是在直槽铰刀的前端磨出与轴线成10°～30°刃倾角的前刀面。

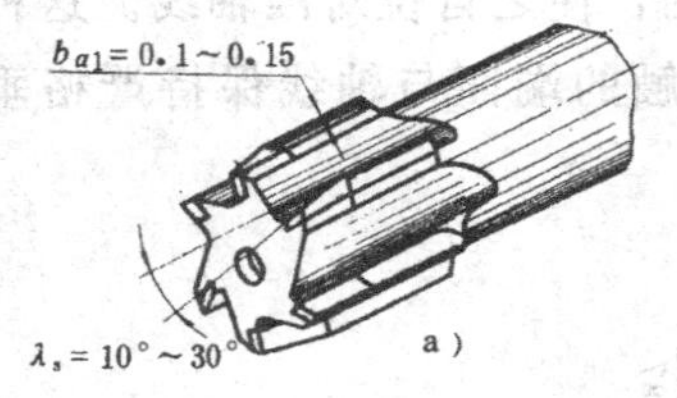

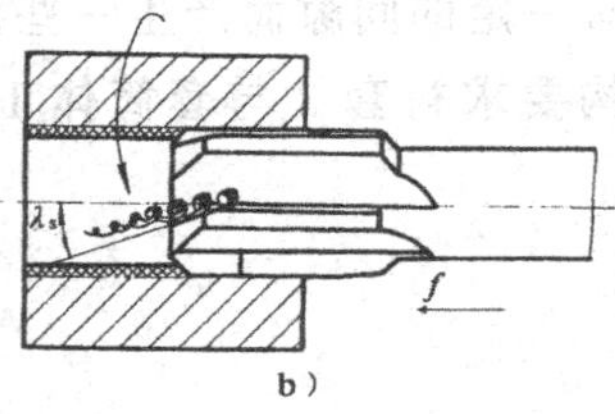

图5-17 正刃倾角铰刀和排屑情况

a）刃倾角铰刀 b）排屑情况

这种铰刀的优点是：

（1）能控制切屑流出的方向。在刃倾角作用下使切屑流向待加工表面（图5-17），不会因切屑的挤塞而擦伤已加工表面，因而可减小表面粗糙度值。在铰削深孔时更能显示出它的优点。由于排屑顺利，铰削余量可较大，一般可在0.15～0.2mm左右。

（2）延长铰刀寿命。由于切削刃用硬质合金制成，可延长铰刀寿命，并可减少棱边的宽度（一般$b_{\alpha1}$＝0.1～0.15mm）。

（3）增加了重磨次数。每次重磨铰刀时，只需要重磨刀齿上有刃倾角部分的前刀面。铰刀的直径不变，并可增加重磨次数，延长使用寿命。

由于刃倾角的关系，切屑向前排出，因此不宜加工不通孔。

3. 铰刀的装夹　在车床上铰孔时，一般是把铰刀插在尾座套筒锥孔中。当工件旋转轴线与尾座套筒锥孔轴线不同轴时，铰出的孔会产生孔口扩大或整个孔扩大，所以铰孔前要调整尾座中心，使之与工件旋转轴线重合。但是要求床头和尾座轴线非常精确地在同一轴线上是比较困难的，因而可采用浮动套筒，见图 5-18。浮动套筒是利用衬套 2 和套筒体 1 之间有一定的间隙而产生一些浮动，使之自位对准轴线。这种结构要求衬套 2 与套筒体 1 接触的端面与轴线保持严格垂直。

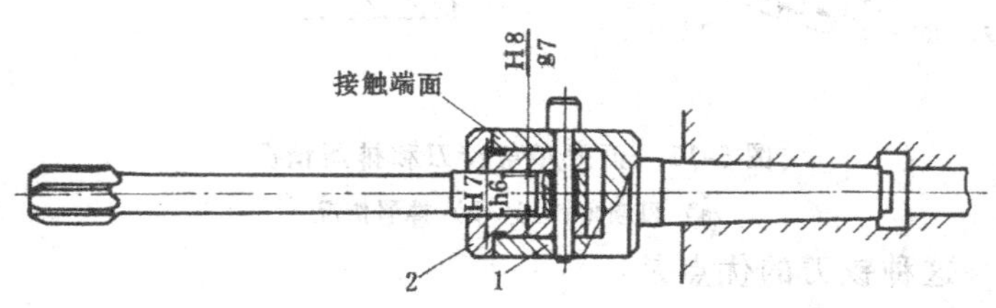

图 5-18　浮动套筒

二、铰孔方法

1. 铰孔余量的确定　铰孔之前，一般先经过车孔或扩孔后留些铰孔余量。余量的大小直接影响铰孔质量。余量太小，往往不能把前道加工所留下的加工痕迹铰去。余量太大，切屑挤满在铰刀的齿槽中，使切削液不能进入切削区，严重影响表面粗糙度，或使切削刃负荷过大而迅速磨损，甚至崩刃。

铰孔余量一般是：高速钢铰刀为0.08～0.12mm；硬质合金铰刀为0.15～0.20mm。

2. 铰刀尺寸的选择　铰孔的精度主要决定于铰刀尺寸，铰刀尺寸是最好选择被加工孔公差带中间1/3左右，见图5-19。

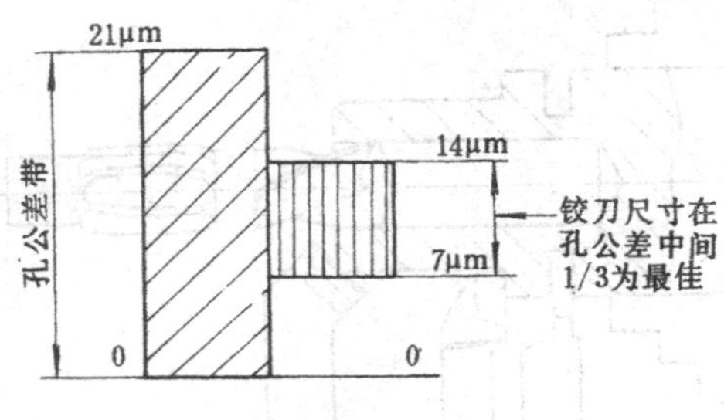

图5-19　铰刀尺寸的选择

第六节　保证套类零件技术要求的方法

套类零件主要的加工表面是内孔、外圆和端面。内孔一般用钻孔、车孔或钻孔、车孔、铰孔来达到尺寸精度和表面粗糙度要求。孔达到技术要求后，套类零件加工关键问题是怎样达到图样所规定的各项形位公差要求。

下面介绍保证同轴度和垂直度的方法

1. 在一次装夹中加工内、外圆和端面（图5-20）在单件生产时，可以在一次装夹中把工件全部或大部加工完毕。这种方法没有定位误差，如果车床精度较高，可获得较高的形位精度。但是采用这种方法车削时需要经常转换刀架，如图5-20所示的工件轮流使用外圆车刀，45°车刀，钻头（包括钻孔或扩孔），铰刀和切断刀等刀具加工。尺寸较难掌握，切削用量也要时常改变。

2. 以内孔为基准保证位置精度　中小型的套、带轮、齿轮等零件，一般可用心轴，以内孔作为定位基准来保证工件的同轴度和垂直度。心轴由于制造容易，使用方便，因此在工厂中应用得很广泛。常用的心轴有下列几种：

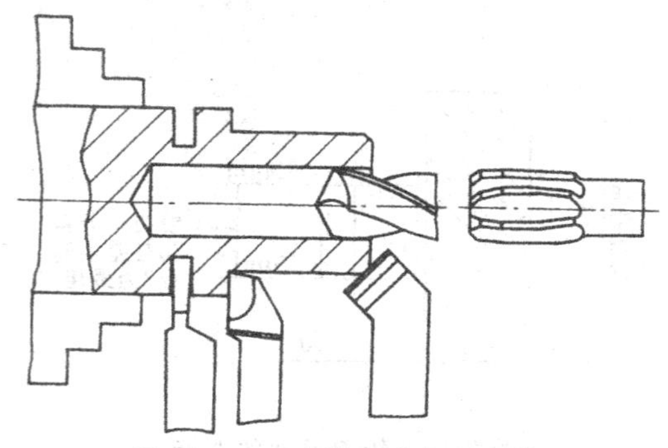

图 5-20　一次装夹中加工工件

(1) 实体心轴　实体心轴有不带台阶和带台阶的两种。不带台阶的实体心轴有 1∶1000～1∶5000 的锥度，又称小锥度心轴，见图 5-21a。这种心轴的特点是制造容易，加工出的零件精度较高。缺点是轴向无法定位，承受切削力小，装卸不太方便。图 5-21b 所示是台阶式心轴，它的圆柱部分与零件孔保持较小的间隙配合，工件靠螺母来压紧。优点是一次可以装夹多个零件，缺点是精度较低。如果装上快换垫圈，装卸工件就很方便。

(2) 胀力心轴　胀力心轴依靠材料弹性变形所产生的胀力来固定工件，由于装卸方便，精度较高，工厂中用得很广泛。

可装在机床主轴孔中的胀力心轴见图 5-21c。根据经验，胀力心轴塞的锥角最好为 30°左右，最薄部分壁厚 3～6mm。

为了使胀力保持均匀，槽子可做成三等分（图 5-21d)。临时使用的胀力心轴可用铸铁做成，长期使用的胀力心轴可用弹簧钢（65Mn）制成。这种心轴使用最方便，得到广泛采用。

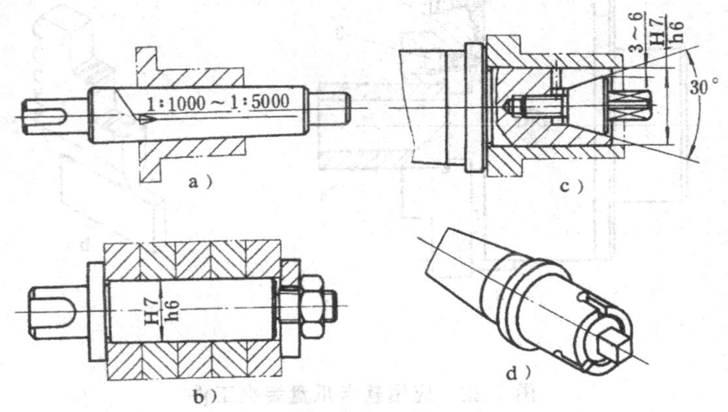

图 5-21　各种常用心轴

a）小锥度心轴　b）台阶心轴　c）胀力心轴　d）槽子做成三等分

用心轴是一种以工件内孔为基准来达到相互位置精度的方法，其特点是：设计制造简单；装卸方便；比较容易达到技术要求。但是当加工外圆很大，内孔很小，定位长度较短的工件时，应该采用外圆为基准来保证技术要求。

3. 用外圆为基准保证位置精度　工件以外圆为基准保证位置精度时，零件的外圆和一个端面必须在一次装夹中精加工，然后作为定位基准。以外圆为基准时，一般应用软卡爪装夹工件。

软卡爪是用未经淬火的钢料（45 钢）制成的。这种卡爪可以自己制造，就是把原来的硬卡爪前半部拆下（图 5-22a)，换上软卡爪 2，用两只螺钉 3 紧固在卡爪的下半部 1 上，然后把卡爪车成所需要的形状，工件 4 就可夹在上面。如果卡爪是整体式的，用旧卡爪的前端焊上一块钢料也可制成软卡爪

(图 5-22b)。

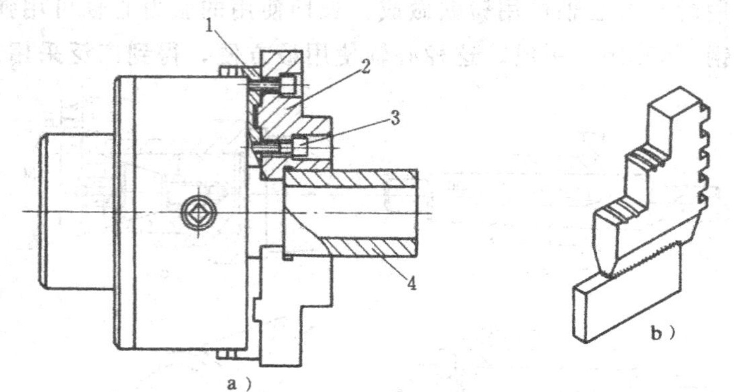

图 5-22 应用软卡爪盘装夹工件

a) 装配式软卡爪 b) 焊接式软卡爪

软卡爪的最大特点是工件虽经几次装夹，仍能保持一定的相互位置精度(一般在 0.05mm 以内)，可减少大量的装夹找正时间。其次，当装夹已加工表面或软金属零件时，不易夹伤零件表面，又可根据工件的特殊形状相应地车制软爪，以装夹工件。软卡爪在工厂中已得到越来越广泛的使用。

车削软爪时，为了消除间隙，必须在卡爪内或卡爪外放一适当直径的定位圆柱或圆环。

定位圆柱或圆环的安放位置应与零件的装夹方向一致，见图 5-23。

当软卡爪夹紧工件时，定位圆柱应放在卡爪的里面，用卡爪底部夹紧，见图 5-23a。

当软卡爪以工件内孔胀紧时，定位圆环应放在卡爪的外面，见图 5-23b。

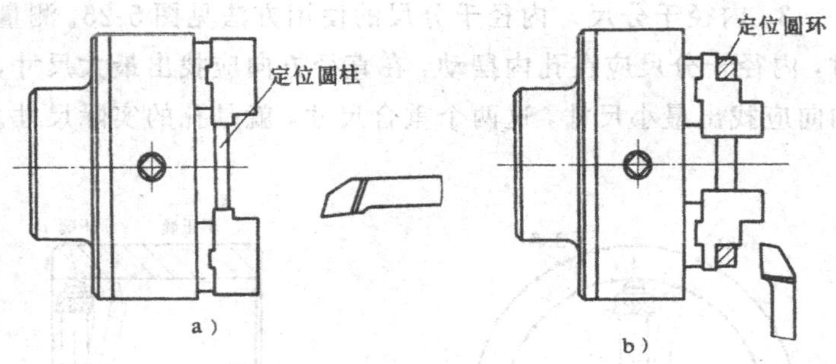

图 5-23　软爪的车削

a）车内圆弧　b）车外圆弧

第七节　套类零件的检验

一、尺寸精度的检验

孔的尺寸精度要求较低时，可采用钢直尺、内卡钳或游标尺测量。精度要求较高时，可以用以下几种方法：

1. 内卡钳　在孔口试切削或位置狭小时，使用内卡钳显得灵活方便。内卡钳与外径千分尺配合使用也能测量出较高精度（IT7～IT8）的孔径。

2. 塞规　用塞规检验孔径的情况，见图 5-24。当过端进入孔内，而止端不能进入孔内，说明工件孔径合格。

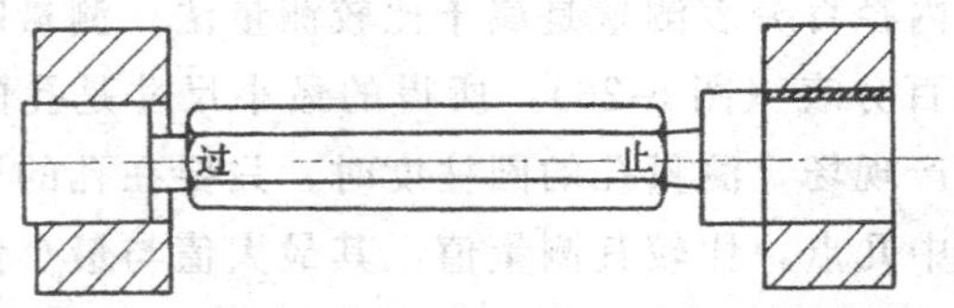

图 5-24　塞规检验孔径

测量不通孔用的塞规，为了排除孔内的空气，在塞规的外圆上（轴向）开有排气槽。

3. 内径千分尺　内径千分尺的使用方法见图 5-25。测量时，内径千分尺应在孔内摆动，在直径方向应找出最大尺寸，轴向应找出最小尺寸，这两个重合尺寸，就是孔的实际尺寸。

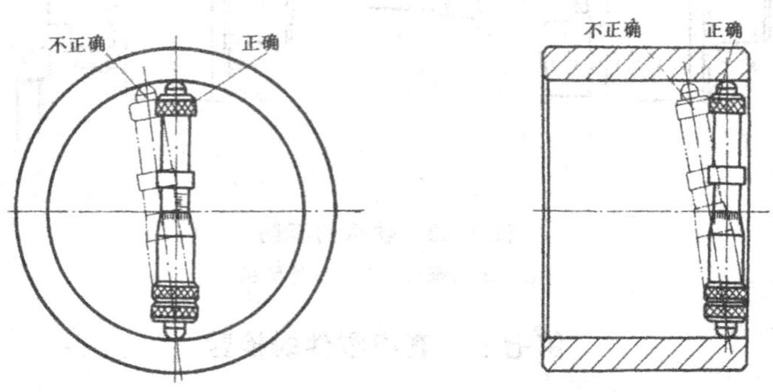

图 5-25　内径千分尺的使用方法

二、形状精度的检验

在车床上加工的圆柱孔，其形状精度一般仅测量孔的圆度和圆柱度（一般测量锥度）两项形状偏差。当孔的圆度要求不很高时，在生产现场可用内径百分（千分）表在孔的圆周上各个方向上去测量，测量结果的最大值与最小值之差的一半即为圆度公差。

使用内径百分表测量是属于比较测量法。测量时，必须摆动内径百分表（图 5-26），所得的最小尺寸是孔的实际尺寸。在生产现场，测量孔的圆柱度时，只要在孔的全长上取前、后、中几点，比较其测量值，其最大值与最小值之差的一半即为孔全长上圆柱度偏差。

内径百分表也可以测量孔的圆度。测量时，只要在孔径圆周上变换方向，比较其测量值。

内径百分表与外径千分尺或标准套规配合使用，也可以比较出孔径的实际尺寸。

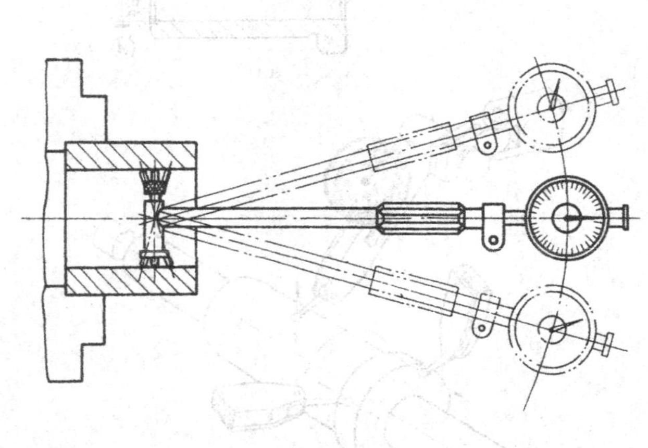

图 5-26 内径百分表的测量方法

三、位置精度的检验

1. 径向圆跳动的检验方法　一般套类工件测量径向圆跳动时，都可以用内孔作基准，把工件套在精度很高的心轴上，用百分表（或千分表）来检验，见图 5-27b。百分表在工件转一周中的读数差，就是径向圆跳动误差。

对某些外形比较简单而内部形状比较复杂的套筒（图 5-28a)，不能安装在心轴上测量径向圆跳动时，可把工件放在V形块上（图 5-28b）轴向定位，以外圆为基准来检验。测量时，用杠杆式百分表的测杆插入孔内，使测杆圆头接触内孔表面，转动工件，观察百分表指针跳动情况。百分表在工件旋转一周中的读数差，就是工件的径向圆跳动误差。

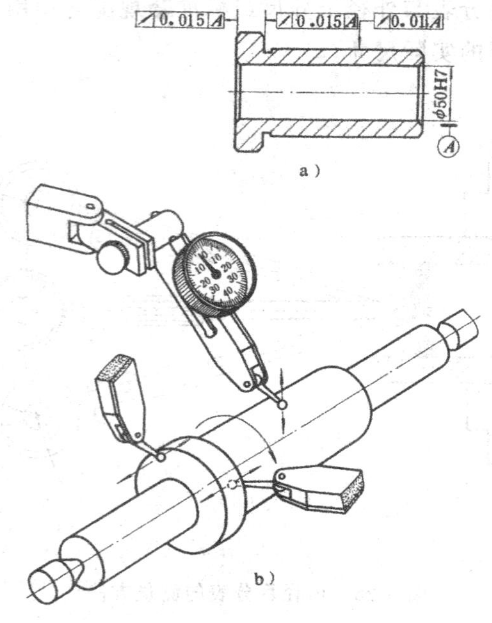

图 5-27 用百分表测量径向圆跳动的方法

a) 工件 b) 测量方法

2. 端面圆跳动的检验方法 检验套类工件端面圆跳动的方法见图 5-27b。先把工件安装在精度很高的心轴上，利用心轴上极小的锥度使工件轴向定位，然后把杠杆式百分表的圆测头靠在所需要测量的端面上，转动心轴，测得百分表的读数差，就是端面圆跳动误差。

3. 端面对轴线垂直度的检验方法 端面圆跳动是当零件绕基准轴线无轴向移动回转时，所要求的端面上任一测量直径处的轴向跳动Δ。垂直度是整个端面的垂直误差。如图 5-

29a 所示的工件，由于端面是一个平面，其端面圆跳动量为 Δ，垂直度也为 Δ，两者相等。

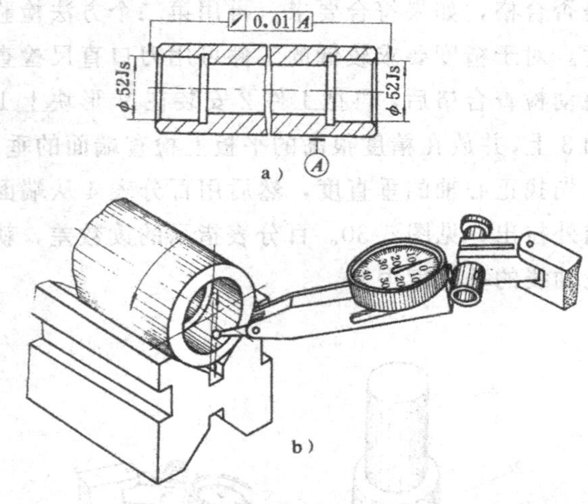

图 5-28　工件装在 V 形块上检验径向圆跳动

a）工件　b）测量方法

如端面不是一个平面，而是凹面，见图 5-29b，虽然其端面圆跳动量为零，但垂直度误差为 ΔL。

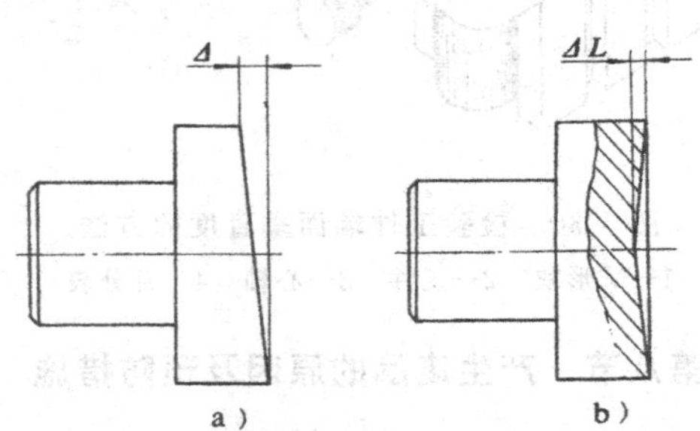

图 5-29　端跳和垂直度的区别

a）倾斜　b）凹面

因此仅用端面圆跳动来评定垂直度是不正确的。

检验端面垂直度，必须经过两个步骤。首先要检查端面圆跳动是否合格，如果符合要求，再用第二个方法检验端面的垂直度。对于精度要求较低的工件可用刀口直尺检查。当端面圆跳动检查合格后，再把工件 2 安装在 V 形块上 1 的小锥度心轴 3 上，并放在精度很高的平板上检查端面的垂直度。检查时，先找正心轴的垂直度，然后用百分表 4 从端面的最里一点向外拉出，见图 5-30。百分表指示的读数差，就是端面对内孔轴线的垂直度误差。

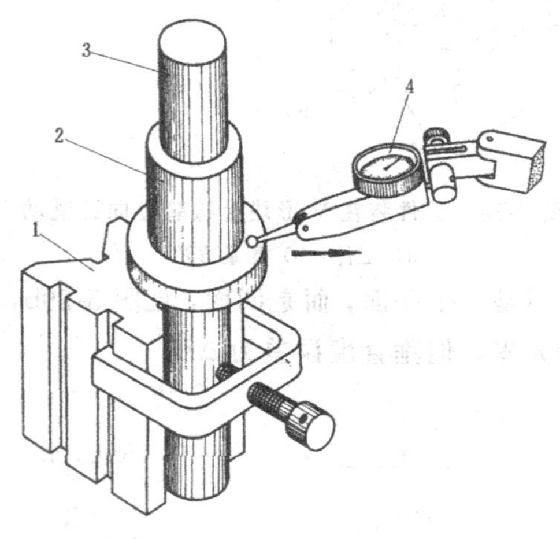

图 5-30　检验工件端面垂直度的方法

1—V 形块　2—工件　3—心轴　4—百分表

第八节　产生废品的原因及预防措施

车削套类工件时，可能产生废品的种类，原因及预防措施见表 5-2。

表 5-2 废品产生的原因及预防措施

废品种类	产生原因	预防措施
孔的尺寸大	1. 车孔时，没有仔细测量 2. 铰孔时，铰刀尺寸大于要求，车床尾座偏位	1. 仔细测量和进行试切削 2. 检查铰刀尺寸，找正尾座，采用浮动套筒
内孔有锥度	1. 车孔时，内孔车刀磨损，车床主轴轴线歪斜，床身导轨严重磨损 2. 铰孔时，孔口扩大，主要原因是尾座偏位	1. 修磨内孔车刀，找正车床，大修车床 2. 找正尾座，采用浮动套筒
内孔表面粗糙度粗	1. 车孔时，内孔车刀磨损，刀柄产生振动 2. 铰孔时，铰刀磨损或切削刃上有崩口、毛刺 3. 切削速度选择不当，产生积屑瘤	1. 修磨内孔车刀，采用刚性较好的刀柄 2. 修磨铰刀，刃磨后保管好，不许碰毛 3. 铰孔时，采用 5m/min 以下的切削速度，加注切削液
同轴度垂直度超差	1. 用一次装夹方法车削时，工件移位（走动）或机床精度不高 2. 用心轴装夹时，心轴中心孔毛，或心轴本身同轴度超差 3. 用软卡爪装夹时，软卡爪没有车好	1. 装夹牢固，减少切削用量，调整机床精度 2. 心轴中心孔应保护好，如碰毛，可研修中心孔，如心轴弯曲可校直或重制 3. 软卡爪应在本机床上车出，直径与工件装夹尺寸基本相同（＋0.1mm）

第九节 套类零件的车削工艺分析

车工经常会碰到车削各种轴承套、齿轮、带轮等工件。这些工件工艺方案较多，但也有一定的规律，现举例分析如下。

一、轴承套工艺分析

加工如图 5-31 所示的轴承套，每批数量为 180 件。其工艺特点是尺寸精度和形位精度要求均较高，工件数量较多，因此在确定加工步骤时应特别注意。

轴承套的车削工艺分析如下：

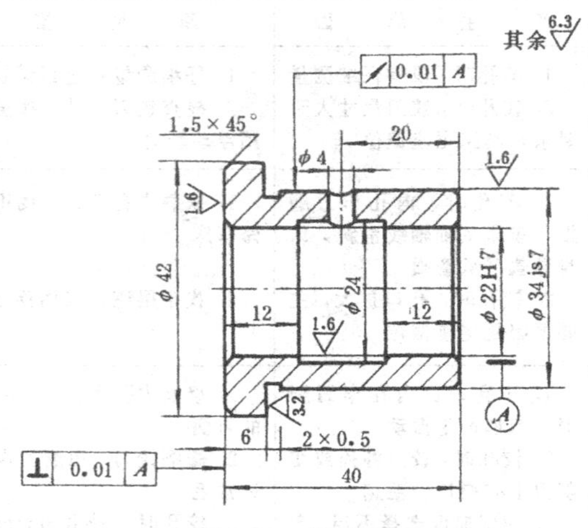

图 5-31　轴承套

(1) 轴承套的车削工艺方案较多，可以是单件加工，亦可以多件加工。单件加工生产效率较低，原材料浪费较多（每件都要有工件备装夹的长度）。因此，这里仅介绍多件加工的车削工艺。

(2) 轴承套材料为 ZCuSn10Pb1，直径不大，毛坯选用棒料，采用 6～8 件同时加工较为合适，其加工方法见表 5-3 工艺草图。

(3) 外圆对内孔轴线的径向圆跳动为 0.01mm，用软卡爪无法保证。因此，精车外圆时应以内孔为定位基准套在小锥度心轴上，用两顶尖装夹，才能保证位置精度。

(4) 在车、铰 ϕ22H7 内孔时，应与 ϕ42 端面在一次装夹中加工出，以保证端面与内孔轴线垂直度公差在 0.01mm 以内。

轴承套的机械加工工艺卡列于表 5-3。

表 5-3 轴承套机械加工工艺卡

× × 厂	机械加工工艺卡	产品名称		图号		
		零件名称	轴承套	共 2 页	第 1 页	

材料种类	棒 料	材料成分	ZCuSn10Pb1	毛坯尺寸	$\phi 46 \times 326$

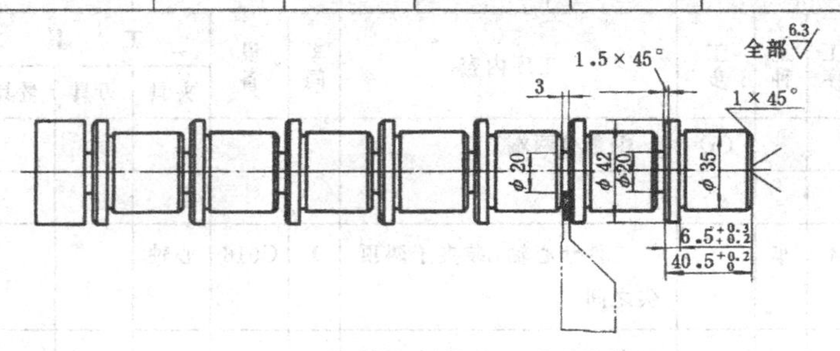

工序	工种	工步	工序内容	车间	设备	工具 夹具	工具 刃具	工具 量具
1	车		按工艺草图车至尺寸		C616			
			7 件同加工，尺寸均相同	Ⅱ				
2	车		用软卡爪夹住 $\phi 42$ 外圆，找正钻孔 $\phi 20.5$ 成单件	Ⅱ	C616			
3	车		用软卡爪夹住 $\phi 35$ 外圆	Ⅱ	C616			
		(1)	车端面，取总长 40 至尺寸					
		(2)	车孔 $\phi 22^{-0.08}_{-0.12}$					
		(3)	车内沟槽 $\phi 24 \times 16$ 至尺寸					
		(4)	铰孔 $\phi 22H7\left(^{+0.021}_{0}\right)$ 至尺寸				$\phi 22H7$ 铰刀	$\phi 22H7$ 塞规

（续）

××厂	机械加工工艺卡	产品名称		图号	
		零件名称	轴承套	共2页	第2页
材料种类	棒料	材料成分	ZCuSn10Pb1	毛坯尺寸	φ46×326

工序	工种	工步	工序内容	车间	设备	工具		
						夹具	刃具	量具
		(5)	倒角（两端）					
4	车		工件套心轴，装夹于两顶尖之间	Ⅰ	C616	心轴		
		(1)	车φ34js7（±0.012）至尺寸					
		(2)	车台阶平面6至尺寸					
		(3)	倒角					
			检查					
5	钳		以下略					

二、双联齿轮车削工艺分析

加工如图 5-32 所示的双联齿轮，工件数量每批为 100 件。

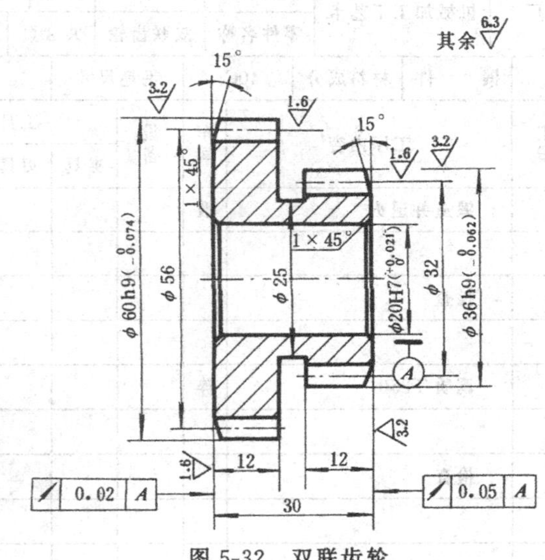

图 5-32　双联齿轮

车削工艺分析如下：

(1) 齿轮毛坯应选用锻件，因经过锻造正火的工件，金属组织细致均匀。

(2) 为了减少工序，锻坯就可进行调质处理。如果工件精度要求特别高，调质工序应放在粗加工之后。

(3) 用软卡爪装夹齿轮坯比较理想，工件可任意调头，一般仍可保持同轴度和垂直度公差值在 0.05mm 以内。

(4) 双联齿轮左端面要求对 ϕ20H7 孔轴线端面圆跳动公差值为 0.02mm。左端面应与 ϕ20H7 孔在一次装夹中加工出。

(5) 如齿轮坯的形位精度要求较高时，可装夹在心轴上车外圆及端面。

双联齿轮机械加工工艺卡列于表 5-4。

表 5-4　双联齿轮机械加工工艺卡　　(mm)

×　×　厂			机械加工工艺卡	产品名称		图号		
				零件名称	双联齿轮	共 2 页	第 1 页	
材料种类		锻　件	材料成分	40Cr	毛坯尺寸			
工序	工种	工步	工序内容	车间	设备	工具		
						夹具	刃具	量具
1	锻		锻造并退火	锻				
			检查					
2	热		调质 T250	淬				
			检查					
3	车		三爪自定心卡盘夹住 ϕ36h9 毛坯外圆，找正	I	C620			
		(1)	车端面					
		(2)	车 $\phi60h9(^{0}_{-0.074})$ 至尺寸					
			长度大于 12					
4	车		软卡爪夹住 ϕ60h9 外圆	I	C620			
		(1)	车端面取总长 30 至 30.5					
		(2)	车 $\phi36h9(^{0}_{-0.062})$ 至尺寸					
			车台阶端面，保持 ϕ60h9 ×12					

（续）

××厂			机械加工工艺卡	产品名称		图号		
				零件名称	双联齿轮	共2页	第2页	
材料种类			锻　件	材料成分	40Cr	毛坯尺寸		
工序	工种	工步	工序内容	车间	设备	工具		
						夹具	刃具	量具
			至 $\phi60h9\times12.5$					
		(3)	车槽 $\phi25\times6$ 至尺寸					
		(4)	倒角					
5	车		调头，软卡爪夹住 $\phi36h9$ 外圆	I	C620			
		(1)	钻孔 $\phi18.5$				$\phi18.5$ 钻头	
		(2)	车孔 $\phi20^{-0.08}_{-0.12}$					
		(3)	车 $\phi60h9$ 端面长度12至尺寸					
		(4)	倒角					
		(5)	铰孔 $\phi20H7$ ($^{+0.021}_{0}$) 尺寸				$\phi20H7$ 铰刀	$\phi20H7$ 塞规
6	车		调头，软卡爪夹住 $\phi60h9$ 外圆					
		(1)	孔口倒角					
			检查					
7	齿		以下略					

复　习　题

1. 根据图 5-4，指出麻花钻的前角、后角、横刃和棱边。

2. 麻花钻的顶角一般为多少度？如果顶角不对，麻花钻的切削刃会产生什么变化？

3. 麻花钻的横刃斜角一般为多少度？横刃斜角的大小与后角有什么关系？

4. 对麻花钻刃磨有什么要求？

5. 为什么要对普通麻花钻进行修磨？常用的修磨方法有哪几种？

6. 车孔的关键技术问题是什么？

7. 怎样提高车孔刀的刚性？

8. 保证套类工件的同轴度、垂直度有哪些方法？

9. 常用的心轴有哪几种？各适用于什么场合？

10. 怎样选择铰刀的尺寸？

11. 铰孔时，孔口产生喇叭形是什么原因？

12. 铰孔时，孔的表面粗糙度粗是什么原因？

13. 怎样检验工件的径向和端面圆跳动？

第六章　圆锥面的车削

在机床与工具中，圆锥面配合应用得很广泛。例如：车床主轴孔与顶尖的配合；车床尾座锥孔与麻花钻锥柄的配合等，见图 6-1。圆锥面配合获得广泛应用的主要原因有：

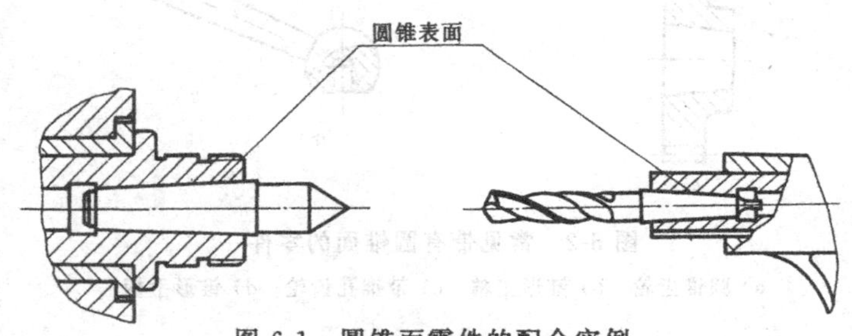

图 6-1　圆锥面零件的配合实例

（1）当圆锥面的锥角较小（在 3°以下）时，可传递很大的扭矩。

（2）装卸方便，虽经多次装卸，仍能保证精确的定心作用。

（3）圆锥面配合同轴度较高，并能做到无间隙配合。

常见的圆锥面零件还有圆锥齿轮、锥形主轴、带锥孔的齿轮、锥形手柄等等，见图 6-2。

加工圆锥面时，除了对尺寸精度，形位精度和表面粗糙度有要求外，还有角度或锥度的精度要求。角度的精度用加、减角度的分或秒来表示。至于要求较高的圆锥面，用涂色法检验，其精度是以接触面的大小来评定的。

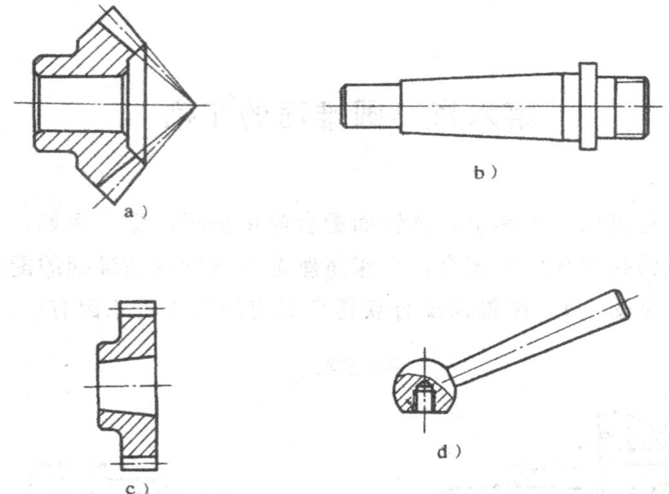

图 6-2 常见带有圆锥面的零件

a）圆锥齿轮 b）锥形主轴 c）带锥孔齿轮 d）锥形手柄

第一节 圆锥各部分名称及计算

一、圆锥的形成及各部分名称

与轴线 AO 成一定角度，且一端相交于轴线的一条直线段 AB（母线），围绕着该轴线旋转形成的表面，称为圆锥表面（图 6-3a）。如截去尖端，即成截锥体（图 6-3b）。

由圆锥表面与一定尺寸所限定的几何体，称为圆锥。圆锥又可分为外圆锥和内圆锥两种。圆锥的各部分名称见图 6-4。

圆锥有以下四个基本参数（量）：

(1) 圆锥半角（$\alpha/2$）或锥度（C）。

(2) 最大圆锥直径（D）。

(3) 最小圆锥直径（d）。

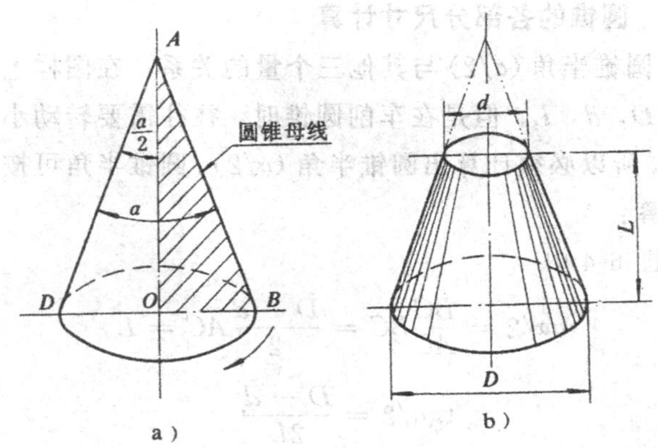

图 6-3 圆锥面的形成

a）圆锥面的形成 b）截锥体

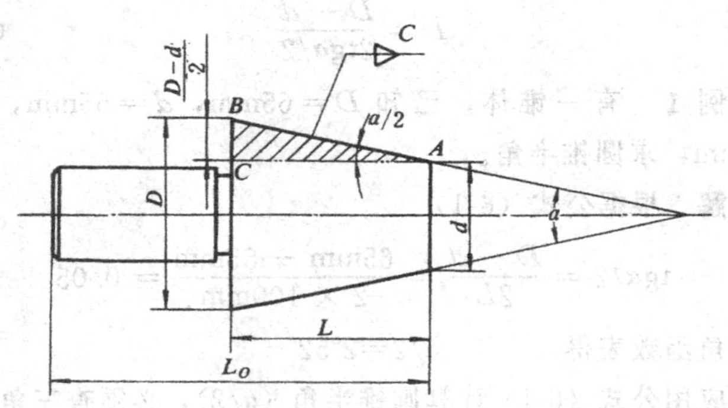

图 6-4 圆锥各部分名称

D—最大圆锥直径（简称大端直径） d—最小圆锥直径（简称小端直径） α—圆锥角 $\alpha/2$—圆锥半角 L—圆锥长度 L_o—工件全长 C—锥度

（4）圆锥长度（L）。

以上四个量中，只要知道任意三个量，其他一个未知量即可以求出。

二、圆锥的各部分尺寸计算

1. 圆锥半角（$\alpha/2$）与其他三个量的关系　在图样上一般都注明 D，d，L。但是在车削圆锥时，往往需要转动小滑板的角度，所以必须计算出圆锥半角（$\alpha/2$）。圆锥半角可按下面公式计算：

在图 6-4 中

$$\mathrm{tg}\alpha/2=\frac{BC}{AC}BC=\frac{D-d}{2}AC=L$$

$$\mathrm{tg}\alpha/2=\frac{D-d}{2L}$$

其他三个量与圆锥半角（$\alpha/2$）的关系

$$D=d+2L\mathrm{tg}\alpha/2 \qquad d=D-2L\mathrm{tg}\alpha/2$$

$$L=\frac{D-d}{2\mathrm{tg}\alpha/2} \tag{6-1}$$

例 1　有一锥体，已知 $D=65\mathrm{mm}$，$d=55\mathrm{mm}$，$L=100\mathrm{mm}$，求圆锥半角。

解　根据公式（6-1）

$$\mathrm{tg}\alpha/2=\frac{D-d}{2L}=\frac{65\mathrm{mm}-55\mathrm{mm}}{2\times100\mathrm{mm}}=0.05$$

查三角函数表得　　　　$\alpha/2=2°52'$

应用公式（6-1）计算圆锥半角（$\alpha/2$），必须查三角函数表。当圆锥半角 $\alpha/2<6°$时，可用下列近似公式计算：

$$\alpha/2\approx28.7°\times\frac{D-d}{L} \tag{6-2}$$

$$\alpha/2\approx28.7°\times C \tag{6-3}$$

式中　C——锥度，$C=\frac{D-d}{L}$。

例 2　有一外圆锥，已知 $D=22\mathrm{mm}$，$d=18\mathrm{mm}$，$L=$

64mm，试用查三角函数表和近似法计算圆锥半角 $\alpha/2$。

解 (1) 查三角函数表法，用公式（6-1）

$$\mathrm{tg}\alpha/2 = \frac{D-d}{2L} = \frac{22\mathrm{mm} - 18\mathrm{mm}}{2 \times 64\mathrm{mm}} = 0.03125$$

$$\alpha/2 = 1°47'$$

(2) 近似法，用公式（6-2）

$$\alpha/2 \approx 28.7° \times \frac{D-d}{L} = 28.7° \times \frac{22\mathrm{mm} - 18\mathrm{mm}}{64\mathrm{mm}} =$$

$$28.7° \times \frac{1}{16} = 1.79° \approx 1°47'$$

两种方法计算结果相同。

例 3 有一外圆锥，已知圆锥半角 $\alpha/2 = 7°7'30''$，$D = 56\mathrm{mm}$，$L = 44\mathrm{mm}$，求小端直径 d。

解 根据公式（6-1）得

$$d = D - 2L\mathrm{tg}\alpha/2 = 56\mathrm{mm} - 2 \times 44\mathrm{mm} \times \mathrm{tg}7°7'30'' =$$

$$56\mathrm{mm} - 2 \times 44\mathrm{mm} \times 0.125 = 45\mathrm{mm}$$

2. 锥度(C)与其他三个量的关系　有很多零件，在圆锥面上注有锥度符号，见图 6-5。

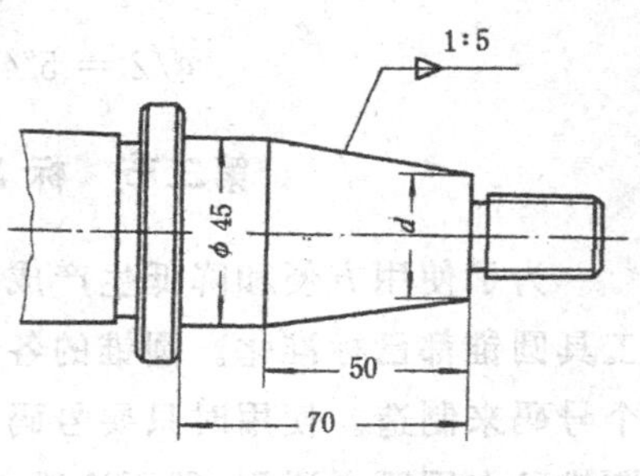

图 6-5　标注锥度的零件

锥度是两个垂直圆锥轴线截面的圆锥直径差与该两截面间的轴向距离之比。

即
$$C = \frac{D-d}{L} \tag{6-4}$$

D、d、L 三个量与 C 的关系为

$$D = d + CL$$

$$d = D - CL$$

$$L = \frac{D-d}{C}$$

圆锥半角（$\alpha/2$）与锥度（C）的关系为

$$\text{tg}\alpha/2 = \frac{C}{2} \tag{6-5}$$

$$C = 2\text{tg}\alpha/2$$

例 4 如图 6-5 所示磨床主轴圆锥，已知锥度 $C=1:5$，$D=45\text{mm}$，圆锥长度 $L=50\text{mm}$，求小端直径（d）和圆锥半角（$\alpha/2$）。

解 根据公式（6-4）

$$d = D - CL = 45\text{mm} - \frac{1}{5} \times 50\text{mm} = 35\text{mm}$$

根据公式（6-5）

$$\text{tg}\alpha/2 = \frac{C}{2} = \frac{\frac{1}{5}}{2} = 0.1$$

$$\alpha/2 = 5°42'38''$$

第二节 标准圆锥

为了使用方便和降低生产成本，常用的工具、刀具上的工具圆锥都已标准化。圆锥的各部分尺寸，可按照规定的几个号码来制造。使用时只要号码相同，就能互换。标准工具圆锥已在国际上通用，即不论哪一个国家生产的机床或工具，只要符合标准圆锥都能达到互换性要求。

常用的标准工具圆锥有下列两种：

一、莫氏圆锥

莫氏圆锥是机器制造业中应用得最广泛的一种，如车床主轴孔，顶尖，钻头柄，铰刀柄等都是用莫氏圆锥。莫氏圆锥分成 8 个号码，即 0、1、2、3、4、5、6、7，最小的是 0 号，最大的是 7 号。莫氏圆锥是从英制换算来的。当号数不同时，圆锥半角和尺寸都不同。莫氏圆锥的各部尺寸可以从附录表 2 中查出。

二、米制圆锥

米制圆锥有 8 个号码，即 4、6、80、100、120、140、160 和 200 号。它的号码是指大端的直径，锥度固定不变，即 $C=1:20$。例如：100 号米制圆锥，它的大端直径是 100mm，锥度 $C=1:20$。它的优点是锥度不变，记忆方便。米制圆锥各部分尺寸可从附录表 2 中查出。

除了常用的标准工具圆锥以外，还经常遇到各种专用的标准锥度。常用的专用标准锥度的锥度大小及其应用场合见附录表 3。

第三节　车外圆锥的方法

在车床上车削外圆锥主要有下列四种方法：

(1) 转动小滑板法。

(2) 偏移尾座法。

(3) 靠模法。

(4) 宽刃刀车削法。

一、转动小滑板法

车削较短的圆锥体时，可以用转动小滑板的方法。车削时只要把小滑板按工件的要求转动一定的角度，使车刀的运动轨迹与所要车削的圆锥素线平行即可。这种方法操作简单，调整范围大，能保证一定精度。

由于圆锥的角度标注方法不同，一般不能直接按图样上所标注的角度去转动小滑板，必须经过换算。换算原则是把图样上所标注的角度，换算出圆锥素线与车床主轴轴线的夹角成 $\alpha/2$，$\alpha/2$ 就是车床小滑板应该转过的角度。具体情况见表 6-1。

表 6-1　图样上标注的角度和小滑板应转过的角度

图　　例	小滑板应转的角度	车　削　示　意　图
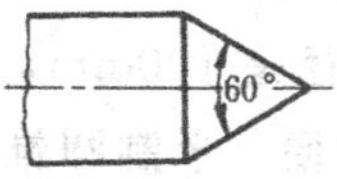 60°	逆时针 30°	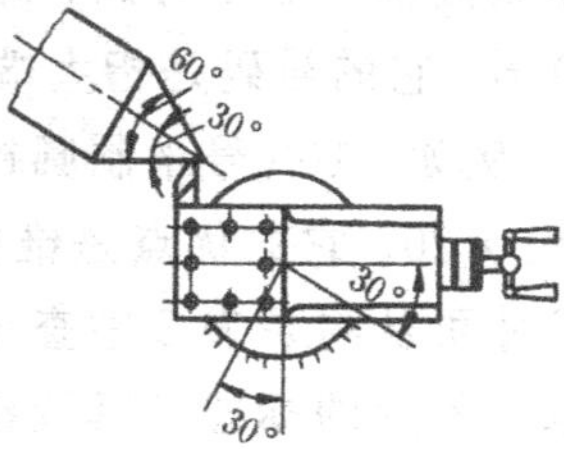 60° 30° 30° 30°
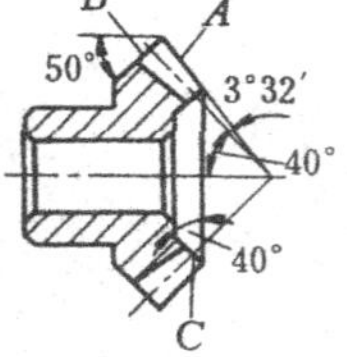 B A 50° 3°32′ 40° 40° C	A 面逆时针 43°32′	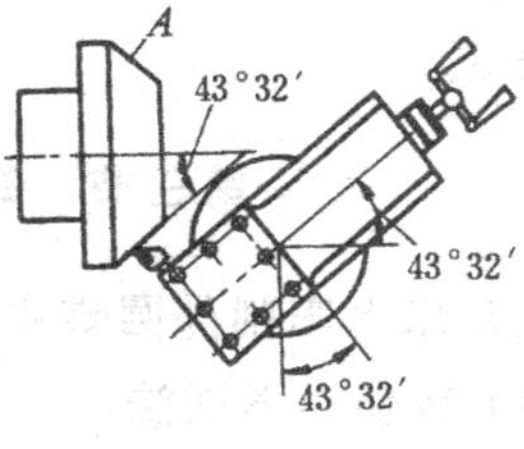 A 43°32′ 43°32′ 43°32′
	B 面顺时针 50°	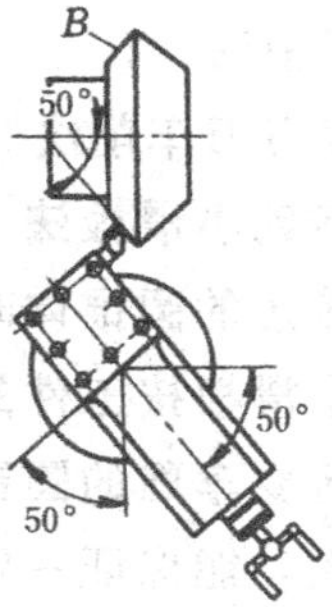 B 50° 50° 50°

（续）

图　例	小滑板应转的角度	车　削　示　意　图
	C 面顺时针 50°	

如果图样上没有注明圆锥半角 $\alpha/2$，那么可根据公式（6-1、6-5）计算出圆锥半角 $\alpha/2$。

转动小滑板可车削各种角度的圆锥，适用范围广。但一般只能用手动进给，劳动强度较大，表面粗糙度较难控制；另外因受小滑板的行程限制，只能加工圆锥不长的工件。

二、偏移尾座法

在两顶尖之间车削外圆柱时，床鞍进给是平行于主轴轴

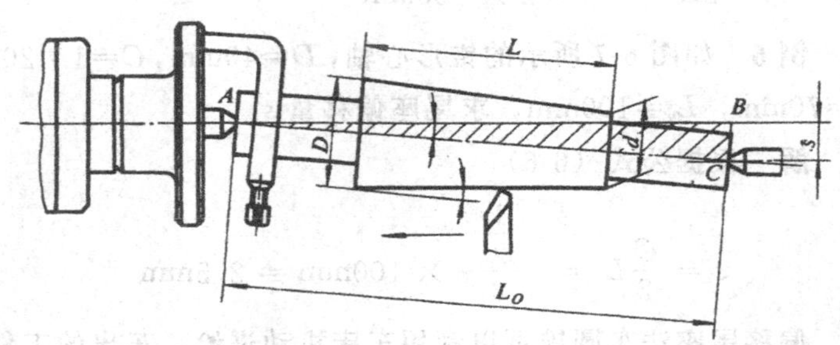

图 6-6　偏移尾座车圆锥的方法

线移动的，但尾座横向偏移一段距离 s 后（图 6-6），工件旋转中心与纵向进给方向相交成一个角度 $\alpha/2$，因此，工件就车成了圆锥。

用偏移尾座的方法车削圆锥时，必须注意尾座的偏移量不仅和圆锥长度 L 有关，而且还和两顶尖之间的距离有关，这段距离一般可以近似看作工件全长 L_o。

尾座偏移量可根据下列公式计算

$$s=\frac{D-d}{2L}L_o \quad 或 \quad s=\frac{C}{2}L_o \tag{6-6}$$

式中 s——尾座偏移量（mm）；

D——大端直径（mm）；

d——小端直径（mm）；

L——圆锥长度（mm）；

L_o——工件全长（mm）。

例 5 有一外圆锥工件，$D=75\text{mm}$，$d=70\text{mm}$，$L=100\text{mm}$，$L_o=120\text{mm}$，求尾座偏移量 s。

解 根据公式（6-6）

$$s=\frac{D-d}{2L}L_o=\frac{75\text{mm}-70\text{mm}}{2\times100\text{mm}}\times120\text{mm}=3\text{mm}$$

例 6 如图 6-7 所示的锥形心轴，$D=40\text{mm}$，$C=1:20$，$L=70\text{mm}$，$L_o=100\text{mm}$，求尾座偏移量 s。

解 根据公式（6-6）

$$s=\frac{C}{2}L_o=\frac{\frac{1}{20}}{2}\times100\text{mm}=2.5\text{mm}$$

偏移尾座法车圆锥可以利用车床机动进给，车出的工件表面粗糙度较细，以及能车较长的圆锥。但因为受尾座偏移量的限制，不能车锥度很大的工件。另外，中心孔接触不良，精度难以控制。

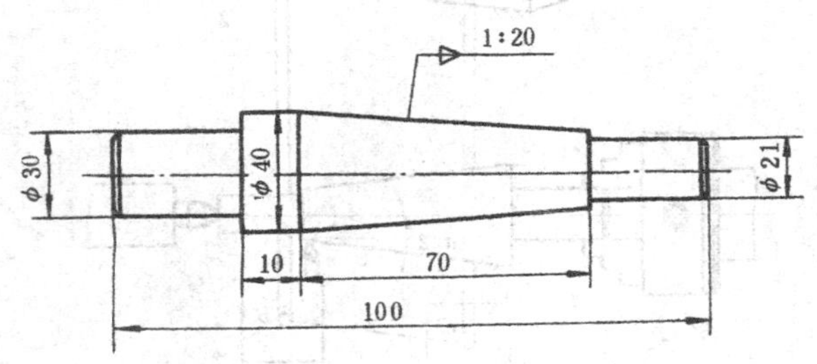

图 6-7 锥形心轴

用偏移尾座法车圆锥，只适宜于加工锥度较小，长度较长的工件。

三、靠模法

有的车床上有车锥度的特殊附件，叫做锥度靠模。

对于长度较长，精度要求较高的圆锥，一般都用靠模法车削。

1. 靠模法车圆锥的基本原理(图 6-8) 在车床的床身后面安装一块固定靠模板 1，其斜角可以根据工件的圆锥半角调整。刀架 3 通过中滑板与滑块 2 刚性连接（先假设无中滑板丝杆)。当床鞍纵向进给时，滑块 2 沿着固定靠模板中的斜面移动，并带动车刀作平行于靠模板的斜面移动，其运动轨迹 $ABCD$ 为平行四边形，$BC /\!/ AD$。因此，就车出了圆锥。

2. 靠模的结构 锥度靠模的具体结构见图 6-9。底座 1 固定在车床床鞍上，它下面的燕尾导轨和靠模体 5 上的燕尾槽间隙配合。靠模体 5 上装有锥度靠板 2，可绕着中心旋转到与工件轴线交成所需的圆锥半角($\alpha/2$)。两只螺钉 7 用来固定锥度靠板。滑块 4 与中滑板丝杠 3 联接，可以沿着锥度靠板

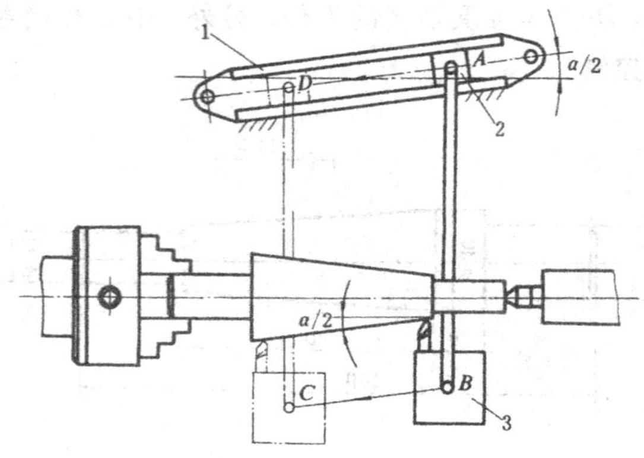

图 6-8 靠模法车圆锥面的基本原理

1—靠模板 2—滑块 3—刀架

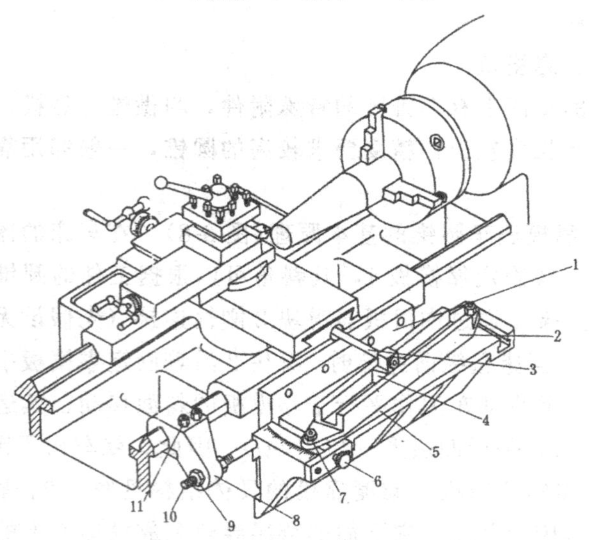

图 6-9 靠模的结构

1—底座 2—靠板 3—丝杠 4—滑块 5—靠模体 6、7—螺钉

8—挂脚 9—螺母 10—拉杆 11—螺钉

2 自由滑动。当需要车圆锥时，用两只螺钉 11 通过挂脚 8，调节螺母 9 及拉杆 10 把靠模体 5 固定在车床床身上。螺钉 6 用来调整靠模板斜度。当床鞍作纵向移动时，滑块就沿着靠板斜面滑动。由于丝杠和中滑板上的螺母是联接的，这样床鞍纵向进给时，中滑板就沿着靠板斜度作横向进给，车刀就合成斜进给运动。当不需要使用靠模时，只要把固定在床身上的两只螺钉 11 放松，溜板就带动整个附件一起移动，使靠模失去作用。

靠模法车锥度的优点是调整锥度既方便，又准确；因中心孔接触良好，所以锥面质量高；可机动进给车外圆锥和内圆锥。但靠模装置的角度调节范围较小，一般在 12°以下。

四、宽刃刀车削法

在车削较短的圆锥时，可以用宽刃刀直接车出，见图 6-10。宽刃刀车削法，实质上是属于成形面车削法。因此，宽刃刀的切削刃必须平直，切削刃与主轴轴线的夹角应等于工件圆锥半角($\alpha/2$)。使用宽刃刀车圆锥时，车床必须具有很好的刚性，否则容易引起振动。当工件的圆锥斜面长度大于切削刃长度时，也可以用多次接刀方法加工，但接刀处必须平整。

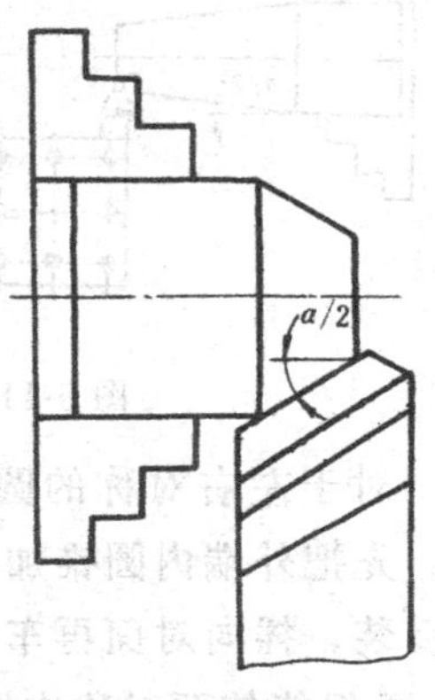

图 6-10 用宽刃刀车削圆锥

第四节 车内圆锥的方法

车削内圆锥的方法一般有下面几种：

一、转动小滑板法

先用直径小于内圆锥小端直径1～2mm的钻头钻孔，再转动小滑板的角度，使车孔刀的运动轨迹与零件轴线的夹角等于圆锥半角（$\alpha/2$），然后车削内圆锥。

车削配套圆锥（工件数量很少）的方法见图6-11。车削时，先把外圆锥车削正确，这时不要变动小滑板的角度，只需把车孔刀反装，使切削刃向下（主轴仍正转），然后车削内圆锥。由于小滑板角度不变，因此可以获得很正确的圆锥配合表面。

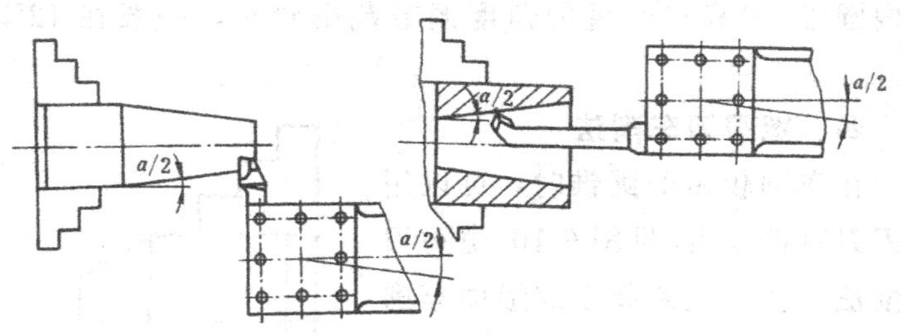

图6-11　车削配套圆锥的方法

对于左右对称的圆锥工件，可用图6-12方法来保证精度。先把外端内圆锥加工正确；不变动小滑板的角度，把车刀反装，摇向对面再车削里面一个内圆锥。这种方法加工方便，不但能使两对称内圆锥锥度相等，而且工件不需卸下，所以左右两内圆锥可获得很高的同轴度。

二、靠模法

当工件内圆锥半角$\alpha/2$小于12°时，可采用图6-9所示的靠模装置进行车削，这时只要把靠板3转到与车外圆锥时相反的位置就可以了。加工方法与车外圆锥相同。

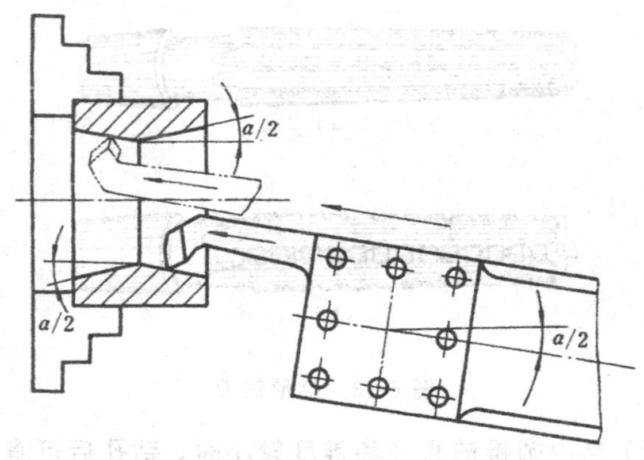

图 6-12　车削对称圆锥孔

三、铰内圆锥

在加工直径较小的内圆锥时，因为刀杆强度较差，难以达到较高的精度和较细的表面粗糙度，这时可以用锥形铰刀来加工。用铰削方法加工的内圆锥精度比车削加工高，粗糙度可达 $Ra2.5\sim1.25\mu m$。

1. 锥形铰刀　锥形铰刀一般分粗铰刀（图 6-13b）和精铰刀（图 6-13a）两种。粗铰刀的槽数比精铰刀少，使容屑空间增大，对排屑有利，粗铰刀的切削刃上有一条螺旋分屑槽，把原来很长的切削刃分割成若干短切削刃，因而把切屑分成一段段，使切屑容易排出。精铰刀做成锥度很正确的直线刀齿，并留有很小的棱边（$b_{\gamma1}=0.1\sim0.2mm$），以保证内圆锥的质量。

2. 铰内圆锥的方法　铰内圆锥的方法有两种：

（1）当内圆锥的直径和锥度较大时，钻孔后先粗车成锥孔，并在直径上留铰削余量 0.2～0.3mm，然后用精铰刀铰削。

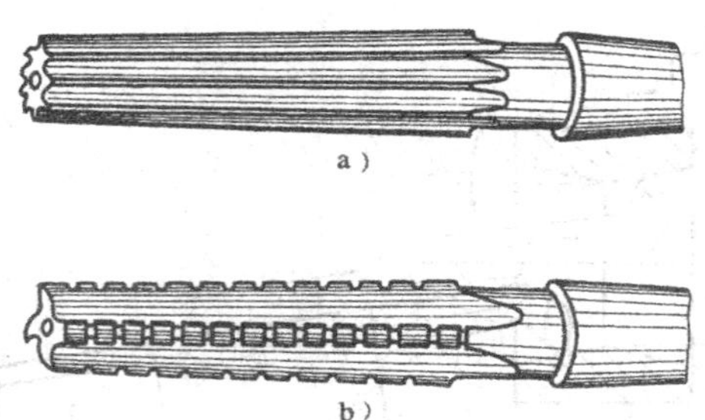

图 6-13　锥形铰刀

（2）当内圆锥的直径和锥度较小时，钻孔后可直接用锥形粗铰刀粗铰，然后用精铰刀铰削成形。

铰内圆锥时，参加切削的切削刃长，切削面积大，排屑较困难，所以切削用量要选得小些。并加注切削液，铰削钢料应使用乳化液或切削油作切削液，铰削铸铁时，可使用煤油。

第五节　圆锥的检验

一、圆锥的精度

对于相配合的锥度和角度零件，根据用途不同，规定不同的锥度和角度公差。

对于相配合精度要求较高的锥度零件，在工厂中一般采用涂色检验法，以测量接触面大小来评定锥度精度。

二、角度和锥度的检验

角度和锥度的检验方法有以下几种：

1. 用游标万能角度尺　用游标万能角度尺测量工件角度的方法见图 6-14。这种方法测量范围大，测量精度一般为 5′或 2′。

2. 用角度样板　在成批和大量生产时，可用专用的角度样板来测量工件。用样板测量锥齿轮坯角度的方法见图 6-15。

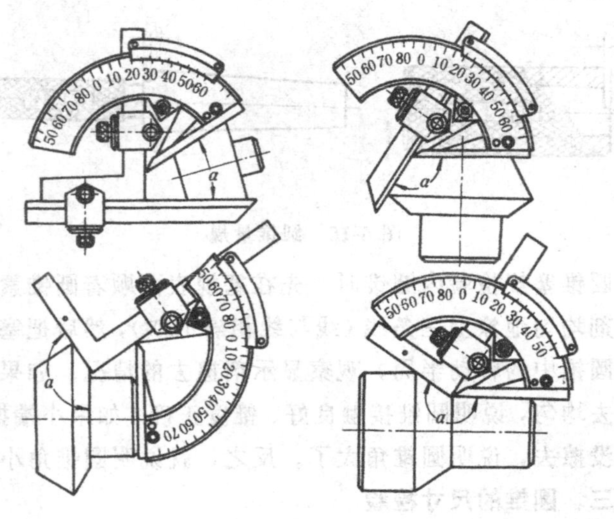

图 6-14　用游标万能角度尺测量工件的方法

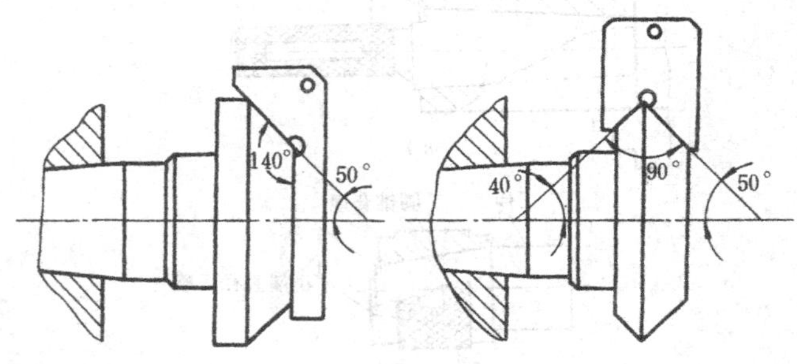

图 6-15　用样板测量锥齿轮坏的角度

3. 用圆锥量规　在检验标准圆锥或配合精度要求高的工件时（如莫氏锥度和其他标准锥度），可用标准塞规或套规来测量，见图 6-16。

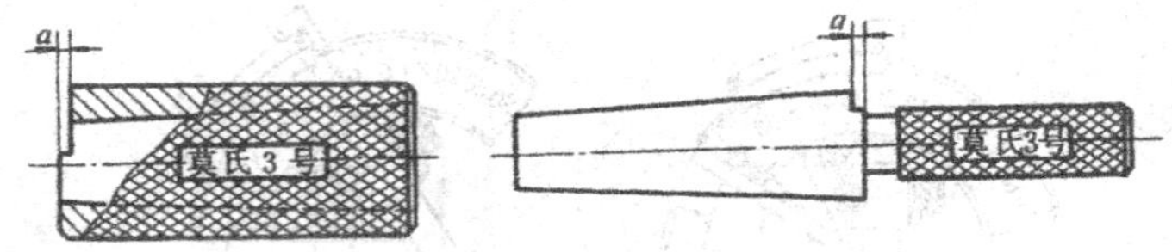

图 6-16　圆锥量规

圆锥塞规检验内圆锥时，先在塞规表面顺着圆锥素线用显示剂均匀地涂上三条线（线与线相隔 120°），然后把塞规放入内圆锥中约转动半周，观察显示剂擦去的情况。如果显示剂擦去均匀，说明圆锥接触良好、锥度正确。如果小端擦着，大端没擦去，说明圆锥角大了。反之，就说明圆锥角小了。

三、圆锥的尺寸检验

圆锥的大、小端直径可用圆锥界限量规来测量。圆锥界

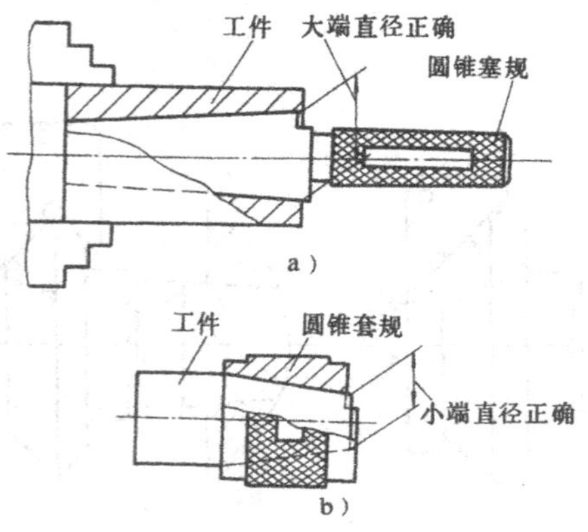

图 6-17　用圆锥量规测量

限量规就是图 6-16 所示的圆锥量规。它除了有一个精确的圆锥表面外，在塞规和套规的端面上分别具有一个台阶 a（或刻线）。这些台阶长度就是圆锥大小端直径的公差范围。

检验工件时，当工件的端面在圆锥量规台阶中才算合格，见图 6-17。

第六节 产生废品的原因及预防措施

车削圆锥时，往往会发生锥度（角度）不正确，圆锥素线不直，表面粗糙等。对所发生的问题必须根据具体情况进行仔细分析，找出原因，采取措施，并加以解决。现将主要的废品产生原因及预防措施列于表 6-2。

表 6-2 车圆锥时产生废品的原因及预防措施

废品种类	产生原因	预防措施
锥度（角度）不正确	1. 用转动小滑板车削时 (1) 小滑板转动角度计算错误 (2) 小滑板移动时松紧不匀 2. 用偏移尾座法车削时 (1) 尾座偏移位置不正确 (2) 工件长度不一致 3. 用靠模法车削时 (1) 靠模角度调整不正确 (2) 滑块与靠板配合不良 4. 用宽刃刀车削时 (1) 装刀不正确 (2) 切削刃不直 5. 铰内圆锥时 (1) 铰刀锥度不正确 (2) 铰刀的轴线与工件旋转轴线不同轴	(1) 仔细计算小滑板应转的角度和方向，并反复试车找正 (2) 调整镶条铁使小滑板移动均匀 (1) 重新计算和调整尾座偏移量 (2) 如工件数量较多，各件的长度必须一致 (1) 重新调整靠板角度 (2) 调整滑块和靠板之间的间隙 (1) 调整切削刃的角度和对准中心 (2) 修磨切削刃的直线度 (1) 修磨铰刀 (2) 用百分表和试棒调整尾座套筒轴线
双曲线误差	车刀刀尖没有对准工件轴线	车刀刀尖必须严格对准工件轴线

在车削圆锥时，虽然经过多次调整小滑板和靠模的转角，但仍找不正锥度；再用圆锥套规测量外圆锥时，发现两端将显示剂擦去，中间不接触；用塞规测量内圆锥时，发现中间显示剂擦去，两端没有擦去。以上几种情况的出现，比较肯定的是车刀刀尖没有严格对准工件轴线，使车出的圆锥素线不直，形成了双曲线误差，见图 6-18。

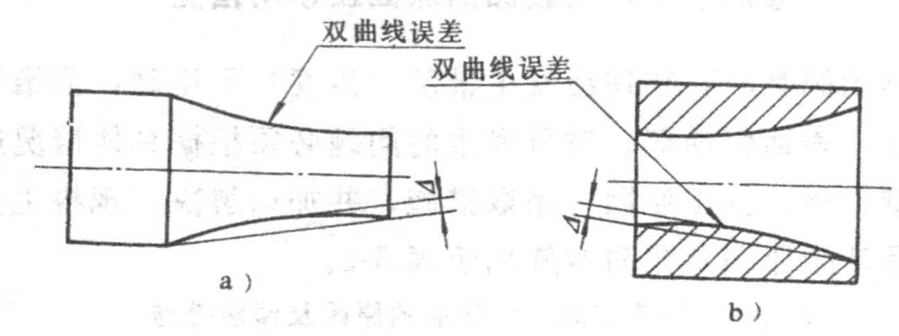

图 6-18 圆锥表面的双曲线误差

因此，车圆锥时，一定要把车刀刀尖严格对准工件轴线。其次，当车刀在中途刃磨以后再装刀时，必须重新调整垫片的厚度，使车刀刀尖再一次严格对准工件轴线。

复 习 题

1. 根据下列已知条件，用查三角函数表方法计算出圆锥半角（$\alpha/2$）。

（1）$D=24$，$d=20$，$L=46$。

（2）$D=62$，$d=48$，$L=108$。

（3）$C=1:4$。

（4）$C=1:20$。

（5）$D=48$，$d=32$，$L=82$。

2. 根据下列已知条件，用近似公式计算出圆锥半角（$\alpha/2$）。

（1）$D=24$，$d=23$，$L=40$。

(2) $D=45$，$L=64$，$C=1:20$。

(3) $C=1:50$。

3. 什么叫锥度，并用公式表示。

4. 根据下表所列的已知条件，求$\frac{\alpha}{2}$、C、d、D、L等未知数。

顺　序	D	d	L	C	$\alpha/2$
1	100	80	120	?	?
2	46	?	64	1∶4	?
3	?	64	80	1∶20	?
4	52	42	?	?	15°

5. 车外圆锥一般有哪几种方法？

6. 转动小滑板法车圆锥有什么优缺点？怎样来确定小滑板的转动角度？

7. 怎样检验圆锥的锥度正确性？

8. 怎样检验内圆锥大端直径的正确性？

9. 车圆锥时，车刀刀尖装得没有对准工件轴线，对工件质量有什么影响？

第七章　车成形面和表面修饰加工

第一节　车 成 形 面

有些机器零件表面的素线是一种曲线，例如圆球面，摇手柄等，见图 7-1。这些带有曲线的表面叫做成形面，也叫做特形面。对于这类零件的加工，应根据产品的特点、精度要求及批量大小等不同情况，可分别采用双手控制、成形刀、靠模、专用工具等加工方法。

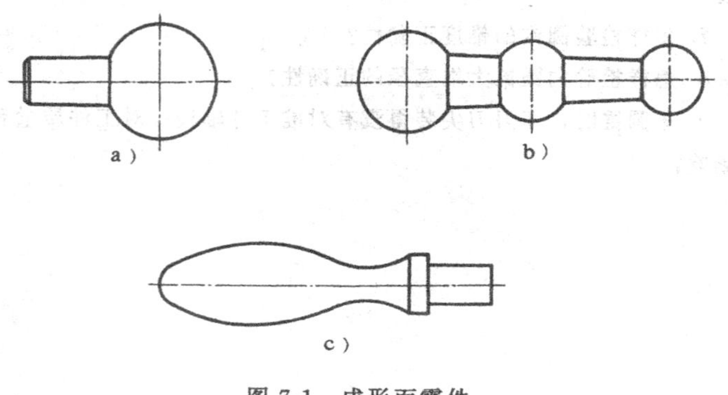

图 7-1　成形面零件

a)、b) 圆球面　c) 摇手柄

一、双手控制法车成形面

数量较少或单件成形面工件，可采用双手控制法进行车削，就是用右手握小滑板手柄，左手握中滑板手柄，通过双手合成运动，车出所要求的成形面。或者采用床鞍和中滑板合成运动来进行车削。

1. 速度分析　用双手控制法车成形面，首先要分析曲面各点的斜率，然后根据斜率来确定纵、横进给速度的快慢。例如车削如图 7-2a 所示圆球面的 a 点时，中滑板进给速度要慢，小滑板退刀速度要快。车到 b 点时，中滑板进给和小滑板退刀速度基本差不多。车到 c 点时，中滑板速度要快，小滑板退刀速度要慢。这样就能车出球面。车削时的关键是双手摇动手柄的速度配合是否恰当。

图 7-2b 所示是车削摇手柄时的双手速度情况，请读者自己进行分析。

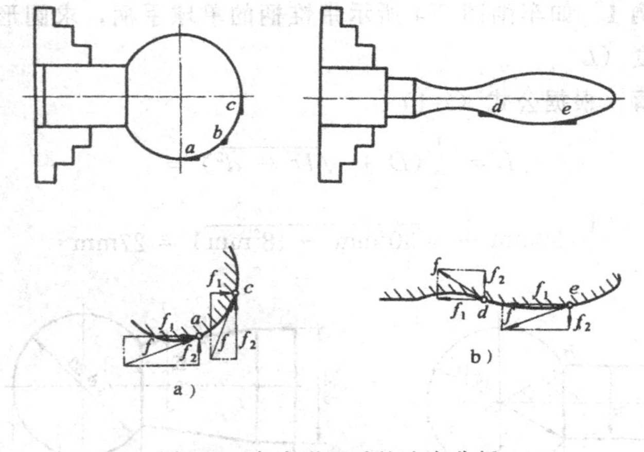

图 7-2　车成形面时的速度分析

a）圆球面的速度分析　b）摇手柄的速度分析

2. 单球手柄的车削方法　车削时应先按直径 D 和柄部直径 d 车成两级外圆（留精车余量 0.2～0.3mm），并车准圆形部分长度 L（图 7-3）。L 可用下面公式计算

在三角形 AOB 中

$$AO=\sqrt{\left(\frac{D}{2}\right)^{2}-\left(\frac{d}{2}\right)^{2}}=\frac{1}{2}\sqrt{D^{2}-d^{2}}$$

$$L=\frac{D}{2}+AO$$

则
$$L=\frac{1}{2}(D+\sqrt{D^{2}-d^{2}}) \tag{7-1}$$

式中 L——圆形部分长度（mm）；

D——圆球直径（mm）；

d——柄部直径（mm）。

车削时，用双手控制法把球面车削成形，然后精车，再用锉刀修光，最后用砂布抛光。

例 1 如车削图 7-4 所示带锥柄的单球手柄，求圆形部分长度（L）。

解 根据公式（7-1）

$$L=\frac{1}{2}(D+\sqrt{D^{2}-d^{2}})=$$

$$\frac{1}{2}(30\text{mm}+\sqrt{30^{2}\text{mm}-18^{2}\text{mm}})=27\text{mm}$$

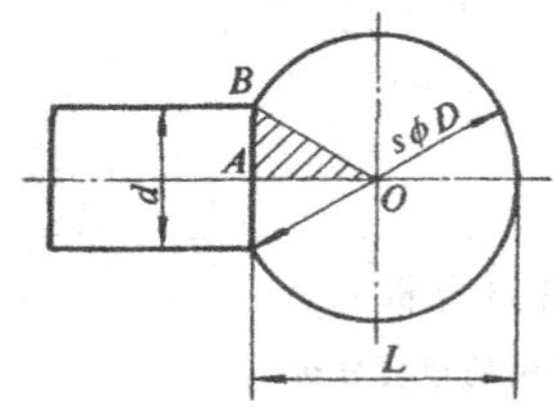

图 7-3 单球手柄

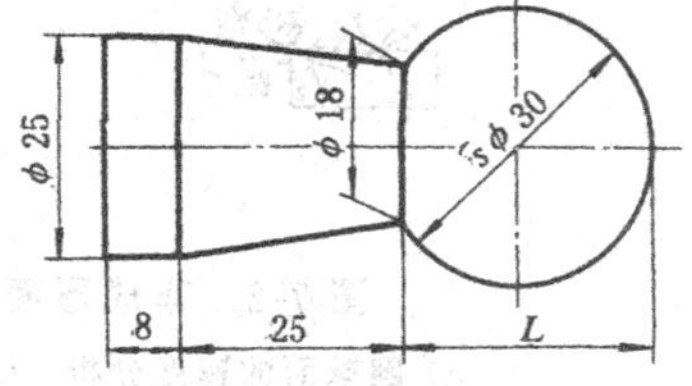

图 7-4 带锥柄的单球手柄

二、用成形刀车成形面

数量较多的成形面工件，可以用成形刀车削。把切削刃磨得与工件表面形状相同的车刀叫做成形刀（或称样板刀）。

1. 成形刀的种类

(1) 普通成形刀　这种成形刀与普通车刀相似（图 7-5a）。精度要求较低时，可用手工刃磨；精度要求较高时，可在工具磨床上刃磨。

(2) 棱形成形刀　这种成形刀由刀头和刀杆两部分组成（图 7-5b）。刀头的切削刃按工件形状在工具磨床上用成形砂轮磨削，可制造得很精确。前刀面上磨出径向前角（γ_p）和径向后角（α_p），如图 7-6a。后部的燕尾块装夹在弹性刀杆的燕尾槽中，用螺钉紧固。刀杆上的燕尾槽做成倾斜（α_p），棱形成形刀装上后，就产生了径向后角 α_p 并保证了径向前角 γ_p，见图 7-6b。

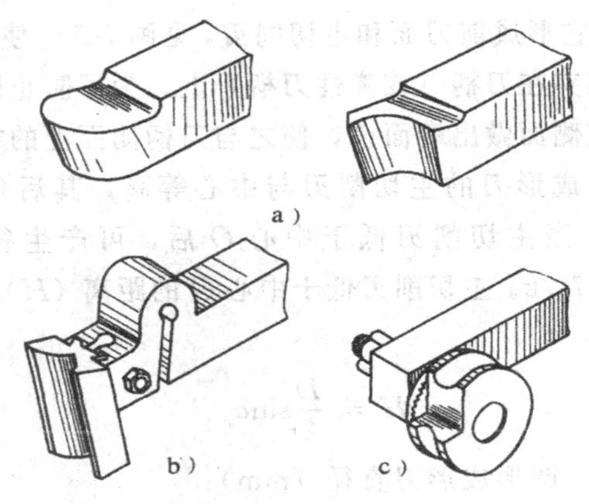

图 7-5　成形刀的种类

a) 普通成形刀　b) 棱形成形刀　c) 圆形成形刀

棱形成形刀磨损后，只需刃磨前刀面，并将刀头稍向上升起，直至刀头无法夹住为止。这种成形刀精度高，使用寿命较长，但制造比较复杂。

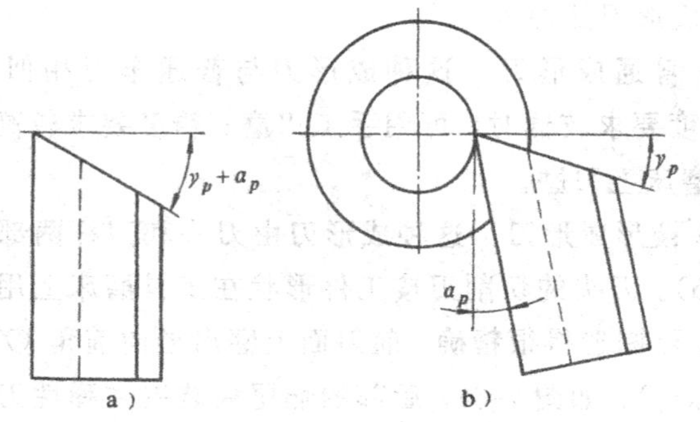

图 7-6　棱形成形刀的径向前角和后角

a）装刀前　b）装刀后

（3）圆形成形刀　这种成形刀做成圆轮形，在圆轮上开有缺口，使它形成前刀面和主切削刃，见图 7-5c。使用时，圆形成形刀装夹在刀柄（或弹性刀柄）上。为了防止圆形成形刀转动，在侧面做出端面齿，使之与刀柄侧面上的端面齿相啮合。圆形成形刀的主切削刃与中心等高，其后角为零度（图 7-7a）。当主切削刃低于中心 O 后，可产生径向后角（α_p），见图 7-7b。主切削刃低于中心 O 的距离（H），可按下式计算

$$H=\frac{D}{2}\sin\alpha_p \tag{7-2}$$

式中　D——圆形成形刀直径（mm）；

α_p——成形刀的径向后角（一般为 6°～10°）。

例 2　已知圆形成形刀的直径 $D=50\text{mm}$，需要保证径向后角 $\alpha_p=8°$，求主切削刃低于中心的距离 H。

解　根据公式 7-2

$$H=\frac{D}{2}\sin\alpha_p=\frac{50}{2}\sin 8°$$

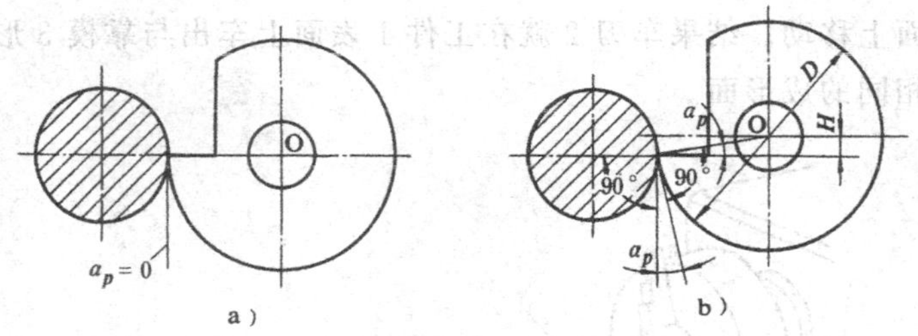

图 7-7　圆形成形刀的后角

a) 后角等于零　b) 刀刃低于中心，产生径向后角

2. 用成形刀车削时防止振动的方法　使用成形刀时，因为切削刃与工件接触面积大，容易引起振动。下面说明防止振动的方法：

(1) 首先应选择刚性较好的车床，并必须把车床主轴和车床溜板等各部分的间隙调整得较小。

(2) 成形刀要装得对准工件轴线，装高了容易扎刀，装低了容易引起振动。

(3) 应选用较小的进给量和切削速度。车削钢料时必须加注乳化液或切削油。车铸铁时可以不加或加注煤油作切削液。

三、靠模法车成形面

靠模法车成形面是一种比较先进的加工方法。一般可利用机动进给根据靠模的形状车削成所需要的成形面，生产效率高，质量稳定，适合于成批生产。

靠模车成形面的方法很多。下面介绍几种主要方法。

1. 尾座靠模（图 7-8）　把一个标准样件（即靠模）3 装在尾座套筒里。在刀架上装上一把长刀夹，刀夹上装有车刀 2 和靠模杆 4。车削时，用双手操纵中、小滑板（或使用床鞍机动进给)，使靠模杆 4 始终贴在靠模 3 上，并沿着靠模 3 的表面上移动。结果车刀 2 就在工件 1 表面上车出与靠模 3 形状相同的成形面。

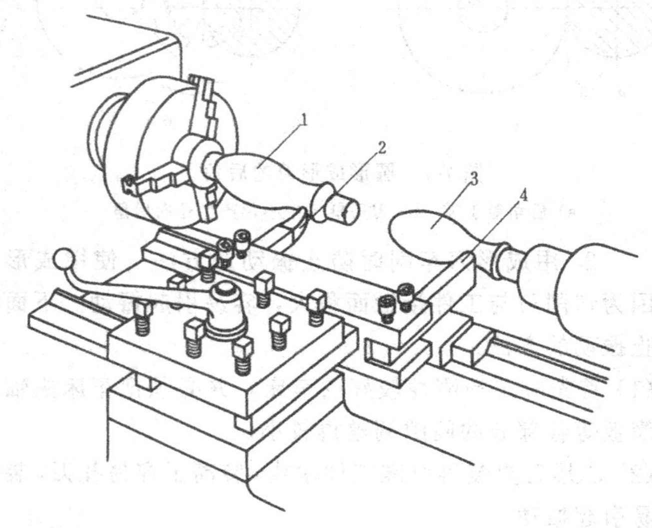

图 7-8　尾座靠模

1—工件　2—车刀　3—靠模　4—靠模杆

这种靠模方法简单，在一般车床上都能使用，但操作不太方便。

2. 靠板靠模　在车床上用靠板靠模法车成形面，实际上与靠模车圆锥的方法相同，只需把锥度靠板换上一个带有曲面槽的靠模，并将滑块改为滚柱就行了。

如没有现成的靠模车床，可将普通车床改装而成，见图 7-9。在床身的前面装上靠模支架 5 和靠模板 4，滚柱 3 通过拉杆 2 与中滑板连接，并把中滑板丝杆抽去。当床鞍作纵向运动时，滚柱 3 沿着靠模 4 的曲线槽里移动，使车刀刀尖作相应的曲线运动，这样就车出了工件 1 的成形面。使用这种方法时，应将小滑板转过 90°，以代替中滑板进给。

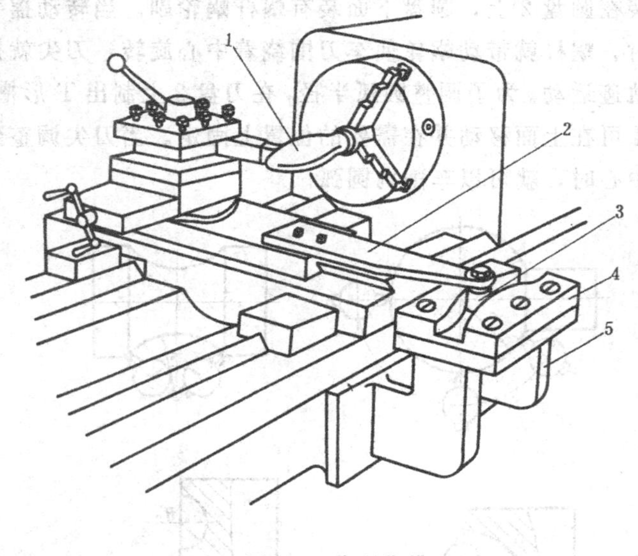

图 7-9 靠板靠模

1—工件 2—拉杆 3—滚柱 4—靠模板 5—靠模支架

这种靠模方法操作方便，生产效率高，形面准确，质量稳定。但只能加工成形表面变化不大的工件。

四、用专用工具车成形面

用专用工具车成形面的方法很多。现仅介绍一种车内外圆弧面的专用工具。

用专用工具车削内外圆弧的原理如图 7-10 所示。这种工具可使刀尖按外圆弧或内圆弧的轨迹运动，以便车出各种形状的圆弧。如果刀尖到回转中心的距离可调，还可以车出各种半径的内外圆弧工件。

用蜗杆蜗轮就可实现车刀的回转运动，下面介绍蜗杆蜗轮车内外圆弧工具。蜗杆蜗轮车内外圆弧工具的结构原理见图 7-11。车削时，先把车床小滑板拆下，装上车圆弧工具。刀架 1 装在圆盘 2 上，圆盘下面装有蜗杆蜗轮副。当转动摇手柄 3 时，蜗杆就带动蜗轮使车刀围绕着中心旋转，刀尖就按圆弧轨迹运动。为了调整圆弧半径，在刀盘 2 上制出 T 形槽，刀架 1 可在上面移动并在需要的位置上固定。当刀尖调整到超过中心时，就可以车削内圆弧。

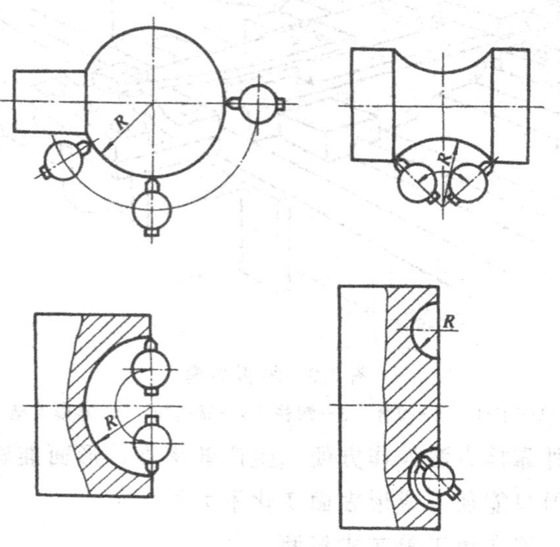

图 7-10　内外圆弧的车削原理

五、成形面的检验

成形面零件在车削过程中和车好以后，一般都是用样板来检验的。

用样板检验成形面零件的方法见图 7-12。检验时，必须使样板的方向与工件轴线一致。成形面是否正确，可以由样板与工件之间的缝隙大小来判断。

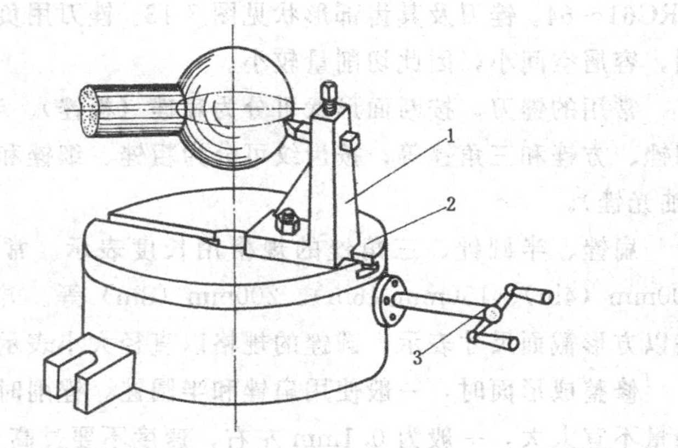

图 7-11 蜗杆蜗轮车圆弧工具

1—刀架 2—圆盘 3—手柄

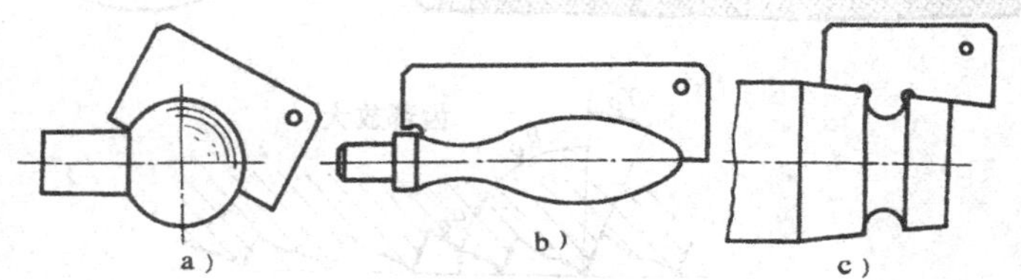

图 7-12 用样板检验成形面的方法

a) 检验圆球 b) 检验摇手柄 c) 检验斜面圆弧

第二节 抛 光

用双手控制法车成形面，由于手动进给不均匀，工件表面往往留下高低不平的痕迹。为了达到图样要求的表面粗糙度，工件车好以后，还要用粗锉刀修整和用细锉刀修光，最后用砂布抛光。

一、用锉刀修光

锉刀一般用高碳工具钢 T12 制成，并经热处理淬硬至

HRC61～64。锉刀及其齿部形状见图 7-13。锉刀用负前角切削，容屑空间小，因此切削量较小。

常用的锉刀，按断面形状可分为扁锉（板锉）、半圆锉、圆锉、方锉和三角锉等；按齿纹可分为粗锉、细锉和特细锉（油光锉）。

扁锉、半圆锉、三角锉的规格用长度表示。常用的有 100mm（4in）、150mm（6in）、200mm（8in）等。方锉的规格以方形截面尺寸表示，圆锉的规格以直径大小表示。

修整成形面时，一般使用扁锉和半圆锉。锉削时，工件余量不宜太大，一般为 0.1mm 左右，速度不要过高。

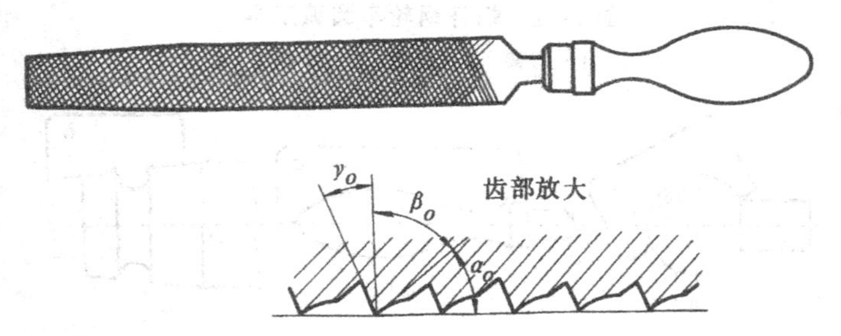

图 7-13 锉刀及其齿部形状

二、用砂布抛光

工件经过锉削以后，表面上仍会有细微条痕，这些细微条痕可以用砂布抛光的方法去掉。在车床上应用的砂布，一般是将刚玉砂粒粘结在布面上制成的。根据砂粒的粗细，常用的砂布有 00 号，0 号，1 号，$1^1/_2$ 号和 2 号。号数越小，颗粒越细。00 号是细砂布，2 号是粗砂布。用砂布抛光时，工件转速应选得较高，并使砂布在工件表面上慢慢来回移动。最后，在细砂布上加少量机油，可减小工件表面粗糙度。

第三节 研　　磨

研磨可以改善工件表面形状误差，还可以获得很高的精度和极细的表面粗糙度。

研磨有手工研磨和机械研磨两种。在车床上一般是手、机结合研磨。

一、研磨的方法和工具

研磨轴类工件的外圆时，可用铸铁做成套筒，它的内径按工件尺寸配制（图 7-14）。套筒 2 的内表面开有几条沟槽，套筒的一面切开，借以调节尺寸。用螺钉 3 防止套筒在研磨时产生转动，套筒内涂研磨剂，金属夹箍 1 包在套筒外圆上，用螺栓 4 紧固和调节间隙。套筒和工件之间的间隙不宜过大，否则会影响研磨精度。研磨前，工件必须留 0.005～0.02mm 的研磨余量。研磨时，手拿研具，并沿着低速旋转的工件作均匀的轴向移动，并经常添加研磨剂，直到尺寸和表面粗糙度都符合要求为止。

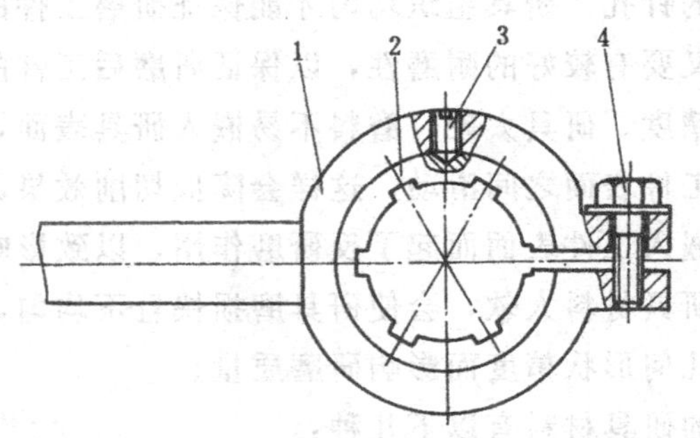

图 7-14　研磨外圆的工具

1—夹箍　2—套筒　3—螺钉　4—螺栓

研孔时，可使用研磨心棒（图 7-15）。锥形心轴 2 和锥孔套筒 3 配合。套筒的表面上开有几条沟槽，它的一面切开。转动螺母 4 和 1，可利用心轴的锥度调节套筒的外径，其尺寸按工件的孔配制（间隙不要过大）。销钉 5 用来防止研磨套与心轴作相对转动。研磨时，在套筒表面涂上研磨剂，心轴装夹在三爪自定心卡盘和顶尖上作低速旋转，工件套在套筒上，用手扶着作匀速轴向来回移动。

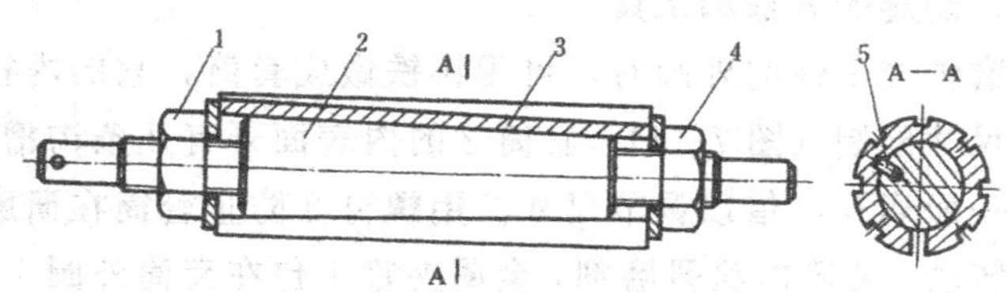

图 7-15 内孔研磨心棒

1、4—螺母 2—锥形心轴 3—锥孔套筒 5—销钉

二、研磨工具的材料

研磨工具的材料应比工件材料软，要求组织均匀，并最好有微小的针孔。研具组织均匀才能保证研磨工件的表面质量。研具又要有较好的耐磨性，以保证研磨后工件的尺寸和几何形状精度。研具太硬，磨料不易嵌入研具表面，使磨料在研具和工件表面之间滑动，这样会降低切削效果，甚至可能使磨料嵌入工件表面而起了反研磨作用，以致影响了表面粗糙度。研具材料太软，会使研具磨损快且不均匀，容易失去正确的几何形状精度而影响研磨质量。

常用的研具材料有以下几种：

（1）灰铸铁 灰铸铁是较理想的研具材料，它最大的特点是具有嵌入性，砂粒容易嵌入铸铁的细片形隙缝或针孔中而起研削作用。适用于研磨各种淬火钢料工件。

(2) 软钢　一般很少使用，但它的强度大于灰铸铁。不易折断变形，可用于研磨 M8 以下的螺纹和小孔工件。

(3) 铸造铝合金　一般用作研磨铜料等工件。

(4) 硬木材　用于研磨软金属。

(5) 轴承合金（巴氏合金）用于软金属的精研磨，如高精度的铜合金轴承等

三、研磨剂

研磨剂是磨料、研磨液及辅助材料的混合剂。

1. 磨料

(1) 金刚石粉末　即结晶碳 (C)，其颗粒很细，是目前世界上最硬的材料，切削性能好，但价格昂贵。适用于研磨硬质合金刀具或工具。

(2) 碳化硼 (B_4C)　硬度仅次于金刚石粉末，价格也较贵。用来精研磨和抛光硬度较高的工具钢和硬质合金等材料。

(3) 氧化铬 (Cr_2O_3) 和氧化铁 (Fe_2O_3)　颗粒极细，用于表面粗糙度要求极细的表面最后研光。

(4) 碳化硅 (SiC)　有绿色、黑色两种。前者用于研磨硬质合金、陶瓷、玻璃等材料；后者用于研磨脆性或软材料，如铸铁、铜、铝等。

(5) 氧化铝 (Al_2O_3)　有人造和天然两种。硬度很高，但较碳化硅低。颗粒大小种类较多，制造成本低，被广泛用于研磨一般碳钢和合金钢。

目前工厂经常采用的是氧化铝和碳化硅两种微粉磨料。

2. 研磨液　磨料不能单独用于研磨，必须加配研磨液和辅助材料。

常用的研磨液为 L-AN15 全损耗系统用油，煤油和锭子油。研磨液的作用是：

1）使微粉能均匀分布在研具表面。

2）冷却和润滑作用。

3. 辅助材料　辅助材料是一种粘度较大和氧化作用较强的混合脂。常用的辅助材料有硬脂酸、油酸、脂肪酸和工业甘油等。

辅助材料主要是使工件表面形成氧化薄膜，加速研磨过程。

为了方便，一般工厂中都是使用研磨膏。研磨膏是在微粉中加入油酸、混合脂（或凡士林）和少许煤油配制而成。

第四节　滚　花

有些工具和机器零件的捏手部分，为了增加摩擦力和使零件表面美观，常常在零件表面上滚出不同的花纹。例如：千分尺上的微分筒；各种滚花螺母、螺钉等。这些花纹，一般是在车床上用滚花刀滚压而成的。

一、花纹的种类和选择

花纹一般有直纹和网纹两种，并有粗细之分。花纹的粗细由模数 m 来决定，滚花的标准见表 7-1。

滚花的花纹粗细根据工件直径和宽度大小来选择。工件直径和宽度大，选择的花纹要粗，反之，应选择较细的花纹。

二、滚花刀

滚花刀可做成单轮、双轮和六轮三种（图 7-16）。单轮滚花刀（图 7-16a）是滚直纹用的。双轮滚花刀（图 7-16b）是滚网纹用的，由一个左旋和一个右旋的滚花刀组成一组（图 7-16d）。六轮滚花刀是把网纹节距（p）不等的三组双轮滚花刀装在同一特制的刀杆上（图 7-16c）。使用时，可以很方便地根据需要选用粗、中、细不同的节距。滚花刀的直径一般为 20～25mm。

表 7-1 滚花

滚花的型式 滚花花纹的形状是假定工件的直径为无穷大时花纹的垂直截面

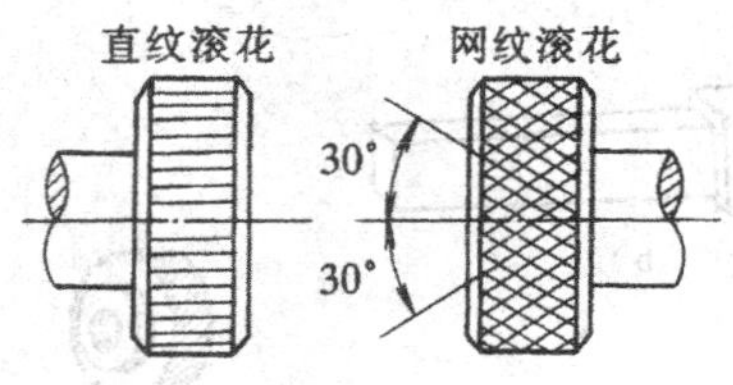

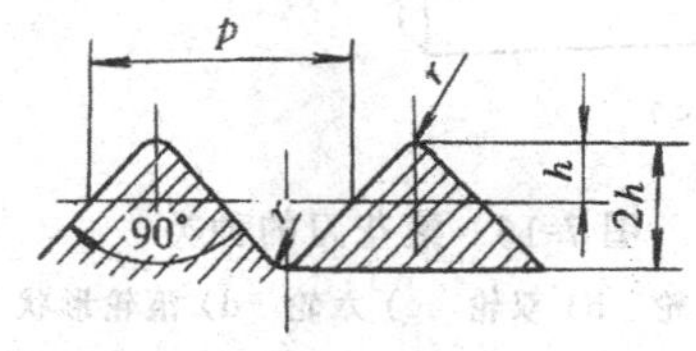

标记示例：

1. 模数 $m=0.3$ 直纹滚花：直纹 $m0.3$ GB6403.3—86
2. 模数 $m=0.4$ 网纹滚花：网纹 $m0.4$ GB6403.3—86

滚花的尺寸规格表 (mm)

模 数 m	h	r	节 距 p
0.2	0.132	0.06	0.628
0.3	0.198	0.09	0.942
0.4	0.264	0.12	1.257
0.5	0.326	0.16	1.571

注：表中 $h=0.785m-0.414r$。

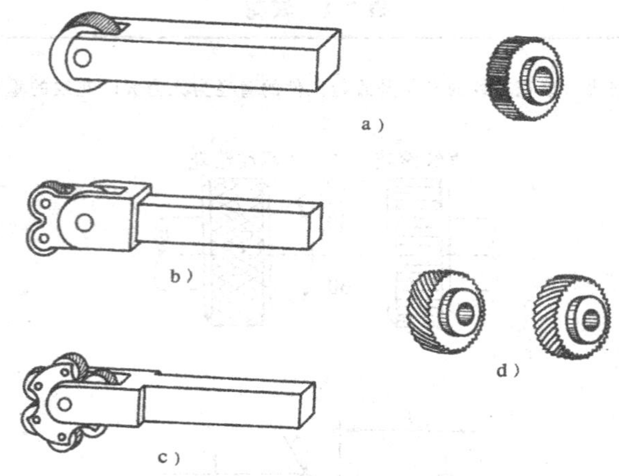

图 7-16 滚花刀的种类

a) 单轮 b) 双轮 c) 六轮 d) 滚轮形状

三、滚花的方法

滚花是用滚花刀来挤压工件，使其表面产生塑性变形而形成花纹，所以在滚花时产生的径向挤压力是很大的。滚花前，根据工件材料的性质，须把滚花部分的直径车小（0.8～1.6）m（m 为花纹模数）。然后把滚花刀装夹在刀架上，使滚花刀的表面与工件平行接触（图 7-17），装准中心。在滚花刀接触工件时，必须用较大的压力，使工件刻出较深的花纹，否则就容易产生乱纹（俗称破头）。这样来回滚压 1～2 次，直到花纹凸出为止。为了减少开始时的径向压力，可先把滚

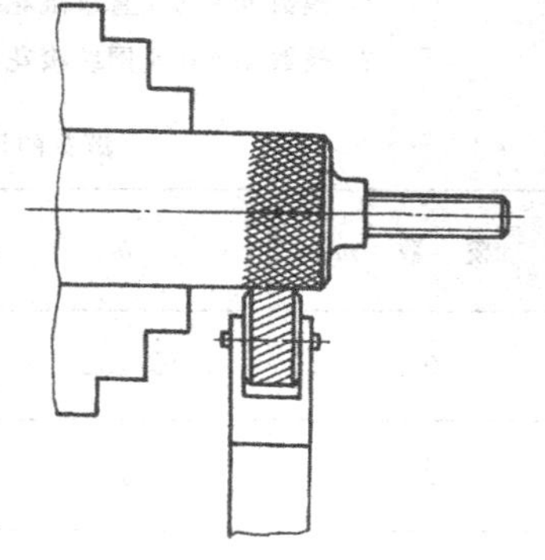

图 7-17 滚花方法

花刀表面宽度的一半与工件表面相接触，或把滚花刀装得与工件表面有一很小的夹角（类似车刀的副偏角），这样比较容易切入。在滚压过程中，还必须经常加润滑油和清除切屑，以免损坏滚花刀和防止滚花刀被切屑滞塞而影响花纹的清晰程度。滚花时应选择较低的切削速度。

滚花操作方法不当时，很容易产生乱纹。乱纹的原因及预防措施见表 7-2。

滚花刀本身质量对花纹质量有很大的影响。对于滚压要求较高的仪器、照相机等捏手上的滚花，应使用自制或定制的滚花刀。在自制滚花刀时，滚轮的最后一道工序（即滚轮淬火后）必须经过工具磨床磨齿，这样可保证滚花刀的齿形质量。

表 7-2　滚花时产生乱纹的原因及预防措施

产生原因	预防方法
1. 工件外径周长不能被滚花刀节距 p 除尽	1. 可把外圆略车小一些
2. 滚花开始时，压力太小，或滚花刀跟工件表面接触面过大	2. 开始滚花时就要使用较大的压力，把滚花刀偏一个很小的角度
3. 滚花刀转动不灵，或滚花刀跟刀杆小轴配合间隙太大	3. 检查原因或调换小轴
4. 工件转速太高，滚花刀跟工件表面产生滑动	4. 降低转速
5. 滚花前没有清除滚花刀中的细屑，或滚花刀齿部磨损	5. 清除细屑或更换滚轮

第五节 表面修饰加工时的安全技术

抛光、研磨和滚花时比较容易发生工伤事故，应特别注意以下几点：

(1) 不用无柄锉刀。锉削时，用力不能过猛，同时必须注意避免手和卡盘相碰。

(2) 用砂布抛光时，不准把砂布缠在工件或手指上进行抛光。

(3) 研磨时，研磨工具与工件的配合不能调整得太紧。太紧时容易与工件咬合，如握紧工件（或研磨套）的手来不及松开，就会发生重大事故。

(4) 研磨时应经常添加研磨润滑剂，以防研磨工具与工件咬合。

(5) 滚花时，工件必须装夹牢固。用毛刷加切削液时，毛刷不能与工件和滚花刀接触，以免轧坏毛刷。

(6) 滚花时产生的径向压力很大，要防止工件顶弯，对薄壁零件要防止变形。

(7) 滚花时不准用手去摸工件，以免发生事故。

复 习 题

1. 按图 7-2b 所示的摇手柄，试分析 e、d 两点双手控制速度。
2. 车削成形面一般有哪几种方法？
3. 怎样防止使用成形刀时产生振动？
4. 怎样检验成形面？
5. 在什么情况下采用研磨，常用的研磨工具材料有哪几种？
6. 滚花时产生乱纹是什么原因？怎样预防？

第八章　螺纹的车削

第一节　螺纹的种类及各部分名称

一、螺纹的种类

螺纹有很多种，它主要作为连接件和传动件。常用的螺纹都有国家标准，标准螺纹有很好的互换性和通用性。但也有少量非标准螺纹，如矩形螺纹等。

螺纹的分类情况见图 8-1。

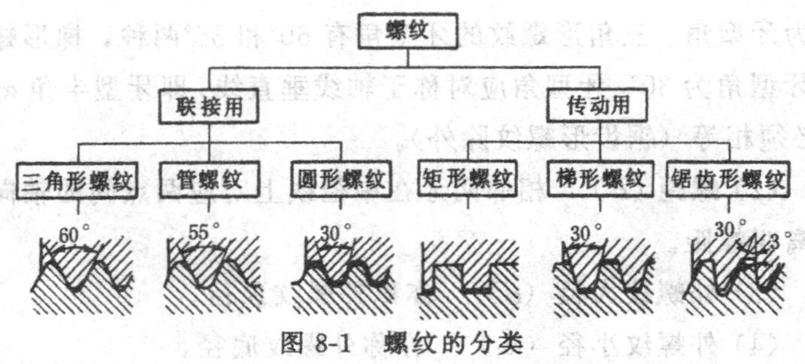

图 8-1　螺纹的分类

(1) 螺纹按用途可分为联接螺纹和传动螺纹。

(2) 螺纹按牙型可分为三角形、矩形、梯形、锯齿形和圆形。

(3) 螺纹按螺旋方向可分为右旋和左旋。

(4) 螺纹按螺旋线数可分为单线和多线螺纹。

(5) 螺纹按母体形状可分为圆柱螺纹和圆锥螺纹。

二、螺纹的各部分名称

现以三角形螺纹为例，来说明螺纹的各部分名称和代号

（图 8-2）。

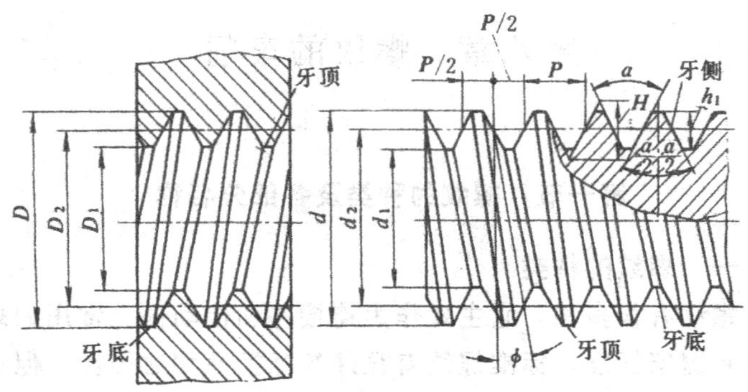

图 8-2　三角形螺纹各部分名称

（1）牙型角（α）　在螺纹牙型上，两相邻牙侧间的夹角称为牙型角。三角形螺纹的牙型角有 60°和 55°两种，梯形螺纹牙型角为 30°。牙型角应对称于轴线垂直线，即牙型半角 $\alpha/2$ 必须相等（锯齿形螺纹除外）。

（2）螺距（P）　相邻两牙在中径线上对应两点间的轴向距离叫螺距。

（3）外螺纹大径（d）　亦称外螺纹顶径。

（4）外螺纹小径（d_1）　亦称外螺纹底径。

（5）内螺纹大径（D）　亦称内螺纹底径。

（6）内螺纹小径（D_1）　亦称内螺纹顶径。

（7）公称直径　代表螺纹尺寸的直径叫公称直径。

（8）中径（d_2、D_2）　中径是一个假想圆柱或圆锥的直径，该圆柱或圆锥的母线通过牙型上沟槽和凸起宽度相等的地方。外螺纹中径 d_2 与内螺纹中径 D_2 相等。

（9）原始三角形高度（H）　由原始三角形顶点沿垂直于

螺纹轴线方向到其底边的距离。

(10) 基本牙型　削去原始三角形的顶部和底部所形成的内外螺纹共有的理论牙型。该牙型具有螺纹的基本尺寸。

(11) 牙型高度 (h_1)　在螺纹牙型上，牙顶到牙底在垂直于螺纹轴线方向上的距离叫牙型高度。

(12) 螺纹接触高度 (h)　内外螺纹相互配合时，牙侧重合部分在垂直于螺纹轴线方向上的距离。

(13) 螺纹升角 (ϕ)　在中径圆柱或中径圆锥上螺旋线的切线与垂直于螺纹轴线的平面之间的夹角（图 8-3）。

螺纹升角可按下式计算

$$\mathrm{tg}\phi = \frac{P}{\pi d_2} \tag{8-1}$$

式中　ϕ——螺纹升角 (°)；

P——螺距 (mm)；

d_2——中径 (mm)。

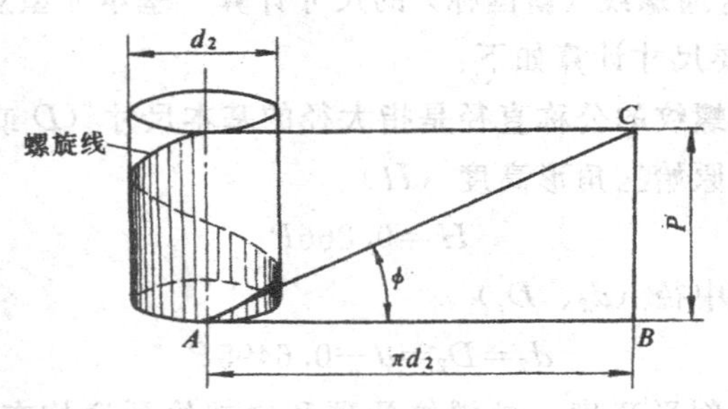

图 8-3　螺纹升角

第二节　三角形螺纹的种类及尺寸计算

三角形螺纹因其规格及用途不同，分普通螺纹、英制螺纹和管螺纹三种。

一、普通螺纹的尺寸计算

普通螺纹是我国应用最广泛的一种三角形螺纹，牙型角为 60°。

普通螺纹分粗牙普通螺纹和细牙普通螺纹，粗牙普通螺纹标记用字母“M”及公称直径表示，如 M16；M8 左等。M6～M24 是生产中经常应用的螺纹，它们的螺距应该熟记。左旋螺纹在标记末尾加“左”字，未注明的为右旋螺纹。

细牙普通螺纹与粗牙普通螺纹不同点是，当公称直径相同时，螺距比较小。细牙普通螺纹标记用字母“M”及公称直径×螺距表示，如 M20×1.5；M10×1 等。

我国在 1963 年颁发了普通螺纹国家标准（GB192～197—63)。在 1983 年起实施普通螺纹新的国家标准（GB192～197—81 和 GB2515～2516—81)，通常把前者称为普通螺纹旧国标，后者称为普通螺纹新国标。

1. 普通螺纹（新国标）的尺寸计算　基本牙型规定见图 8-4，主要尺寸计算如下：

(1) 螺纹的公称直径是指大径的基本尺寸（D 或 d)。

(2) 原始三角形高度（H）

$$H=0.866P$$

(3) 中径（d_2、D_2）

$$d_2=D_2=d-0.6495P \tag{8-2}$$

(4) 削平高度　外螺纹牙顶和内螺纹牙底均在 $H/8$ 处削平。外螺纹牙底和内螺纹牙顶均在 $H/4$ 处削平。

(5) 牙型高度（h_1）

$$h_1=0.5413P \tag{8-3}$$

(6) 外螺纹小径（d_1）

$$d_1 = d - 1.0825P \quad (8\text{-}4)$$

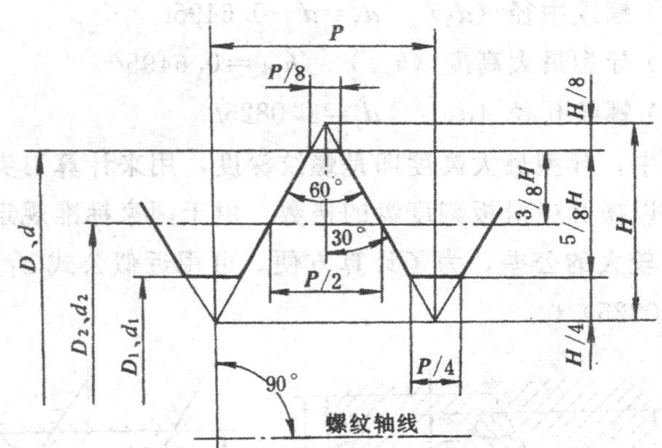

图 8-4 普通螺纹（新国标）的基本牙型

(7) 内螺纹小径(D_1)内螺纹小径的基本尺寸与外螺纹小径相同（$D_1=d_1$）

(8) 螺纹接触高度（h） 螺纹接触高度与牙型高度的基本尺寸 h_1 相同（$h=h_1$）

例 1 试计算 M16 螺纹的中径和小径尺寸。

解 已知 $D=d=16$；查附录 D 得 $P=2$。

$D_2 = d_2 = d - 0.6495P = 16 - 0.6495 \times 2 = 14.701\text{mm}$

$D_1 = d_1 = d - 1.0825P = 16 - 1.0825 \times 2 = 13.835\text{mm}$

普通螺纹的基本尺寸见附录 D。

2. 普通螺纹（旧国标）简介 根据普通螺纹旧国标 GB192～197—63，基本牙型规定见图 8-5。与新国标主要不同之处是槽底在三角形下部 $H/6$ 处削平或倒圆，最小可在 $H/8$ 处削平或倒圆。

车工最常用的普通螺纹（旧国标）计算公式有以下三个：

(1) 螺纹中径（d_2） $d_2=d-0.6495t$

(2) 牙型最大高度（$h_{1大}$） $h_{1大}=0.6495t$

(3) 螺纹孔径（d'_1） $d'_1=1.0825t$

其中，牙型最大高度即是螺纹深度，用来计算刀尖总切入深，以换算中滑板刻度盘的格数。由于国家标准规定螺纹孔径有较大的公差，为了计算方便，可用近似公式 $d'_1=d-(1\sim1.0825)\ t$。

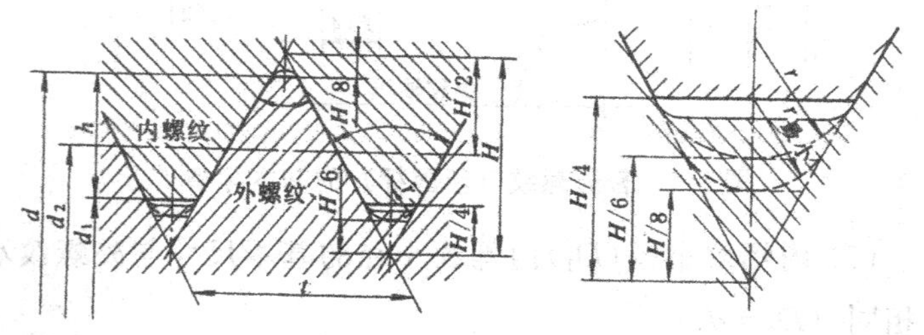

图 8-5 普通螺纹的牙型（旧国标）

二、英制螺纹

英制螺纹在我国应用较少，只有在进出口设备中和维修旧设备时，才会遇到一些英制螺纹。

螺纹的公称直径是指内螺纹外径 d'，并用英寸表示。它用每英寸长度中的牙数 (n) 换算出螺距的大小，螺距 $P=1''/n=25.4/n$mm。

英制螺纹的各部分尺寸和每英寸中的牙数见附录 E。

三、管螺纹

管螺纹是用在输送气体或液体的管子及管接头上。根据螺纹部分的母体形状，分为圆柱管螺纹和圆锥管螺纹。圆锥管螺纹有 1∶16 的锥度，它的密封性比圆柱管螺纹好，常用于压力较高的接头处。管螺纹的公称直径是指管孔的公称直径，用英寸表示。管螺纹有非螺纹密封的管螺纹、用螺纹密封的管螺纹和 60°圆锥管螺纹三种。

1. 非螺纹密封的管螺纹　牙型角为 55°，牙顶和牙底都在 $H/6$ 处倒圆，螺纹的各部分尺寸和每英寸中的牙数，可在有关手册中查出。

非螺纹密封的管螺纹标记用字母“G”和公称直径表示，如 G1、$G1^{1}/_{2}$等。

2. 用螺纹密封的管螺纹　牙型角为 55°，牙顶和牙底都在 $H/6$ 处倒圆，圆锥管螺纹有 1∶16 的锥度，螺纹的外径、中径及内径应在基面内测量，基面离管端的距离 L_2 和各部分尺寸，可在有关手册中查出。

用螺纹密封的管螺纹标记用字母“Rc”（内螺纹）、R（外螺纹）和公称直径表示，如 Rc3/8、$R1^{1}/_{4}$等。

3. 60°圆锥管螺纹（又称布锥管螺纹）　牙型角为 60°，螺纹在牙顶和牙底处削平，有 1∶16 锥度，螺纹的外径、中径及内径应在基面内测量。基面离管端的距离 L_2 和各部分尺寸，可在有关手册中查出。

60°圆锥管螺纹标记用字母“NPT”和公称直径表示，如 NPT3/8、NPT2 等。

第三节　矩形螺纹的各部分尺寸计算

矩形（方牙）螺纹是非标准螺纹。它的轴向断面形状理论上为正方形，其牙顶宽、牙底宽和牙型高度理论上都等于螺距的一半，但为了内外螺纹配合时的相对运动，在牙底、牙侧都有一定的间隙。矩形螺纹尺寸计算公式见表 8-1。

表 8-1 矩形螺纹各部分尺寸计算 (mm)

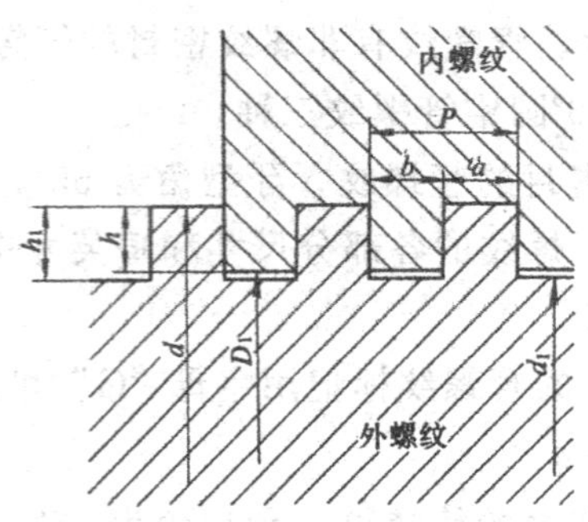

名　称	计　算　公　式
外径（d）	由设计决定
螺距（P）	
外螺纹牙槽宽（b）	$b = 0.5P + (0.02 \sim 0.04)$
外螺纹牙宽（a）	$a = P - b$
螺纹的工作高度（h）	$h = 0.5P$
螺纹的实际高度（h_1）	$h_1 = 0.5P + (0.1 \sim 0.2)$
外螺纹内径（d_1）	$d_1 = d - 2h_1$
内螺纹内径（D_1）	$D_1 = d - P$

例 2 车削矩形 30×6 的丝杆，求各部分尺寸。

解 已知 d=30mm，P=6mm

$$b = 0.5P + (0.02 \sim 0.04) =$$
$$0.5 \times 6\text{mm} + 0.03\text{mm} = 3.03\text{mm}$$
$$a = P - b = 6\text{mm} - 3.03\text{mm} = 2.97\text{mm}$$
$$h = 0.5P = 3\text{mm}$$
$$h_1 = 0.5P + (0.1 \sim 0.2) =$$

$$0.5 \times 6\text{mm} + 0.15\text{mm} = 3.15\text{mm}$$

$$d_1 = d - 2h_1 = 30\text{mm} - 2 \times 3.15\text{mm} = 23.7\text{mm}$$

$$D_1 = d - P = 30\text{mm} - 6\text{mm} = 24\text{mm}$$

第四节　梯形螺纹的各部分尺寸计算

梯形螺纹有米制和英制两种，我国采用米制梯形（30°）螺纹（GB5796.3—86）。英制梯形螺纹牙型角为 29°，目前已很少采用，这里不作介绍。

下面介绍米制梯形螺纹（简称梯形螺纹）各部分尺寸计算。

梯形螺纹各部分名称和尺寸计算公式见表 8-2。

表 8-2　梯形螺纹各部分尺寸计算　　　　（mm）

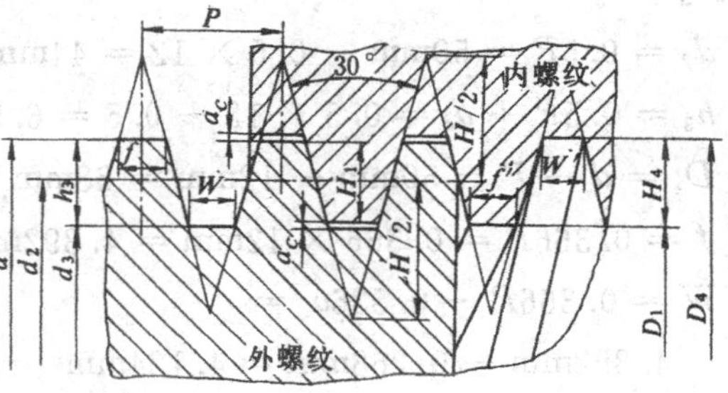

名　　称	计　算　公　式			
牙型角（α）	$\alpha=30°$			
螺距（P）	由螺纹标准确定			
牙顶间隙（a_c）	P	2～5	6～12	14～44
	a_c	0.25	0.5	1

（续）

<table>
<tr><th colspan="2">名　　称</th><th>计 算 公 式</th></tr>
<tr><td colspan="2">外螺纹牙高（h_3）</td><td>$h_3 = 0.5P + a_c$</td></tr>
<tr><td rowspan="2">外螺纹</td><td>大径（d）</td><td>公称直径</td></tr>
<tr><td>小径（d_3）</td><td>$d_3 = d - 2h_3$</td></tr>
<tr><td rowspan="2">内螺纹</td><td>大径（D_4）</td><td>$D_4 = d + 2a_c$</td></tr>
<tr><td>小径（D_1）</td><td>$D_1 = d - P$</td></tr>
<tr><td colspan="2">中径（D_2、d_2）</td><td>$D_2 = d_2 = d - 0.5P$</td></tr>
<tr><td colspan="2">牙顶宽（f）</td><td>$f = f' = 0.366P$</td></tr>
<tr><td colspan="2">牙槽底宽（W）（最大刀头宽）</td><td>$W = W' = 0.366P - 0.536a_c$</td></tr>
</table>

例 3　车削 Tr50×12 梯形螺纹，计算螺纹中径（d_2）、外螺纹牙高（h_3）、内螺纹小径（D_1）、牙顶宽（f）、牙槽底宽（W）的尺寸。

解　$d_2 = 0.5P = 50\text{mm} - 0.5 \times 12 = 44\text{mm}$

$h_3 = 0.5P + a_c = 0.5 \times 12 + 0.5 = 6.5\text{mm}$

$D_1 = d - P = 50\text{mm} - 12\text{mm} = 38\text{mm}$

$f = 0.366P = 0.366 \times 12\text{mm} = 4.392\text{mm}$

$W = 0.366P - 0.536a_c =$

$4.392\text{mm} - 0.268\text{mm} = 4.124\text{mm}$

梯形螺纹牙型尺寸也可从表 8-3 中查出。

表 8-3　梯形螺纹牙型尺寸　　(mm)

螺距(P)	外螺纹牙高(h_3)	牙顶宽(f)	牙底宽(W)
2	1.25	0.73	0.60
3	1.75	1.10	0.97
4	2.25	1.46	1.33
5	2.75	1.83	1.55
6	3.5	2.2	1.93

（续）

螺距(P)	外螺纹牙高(h_3)	牙顶宽(f)	牙底宽(W)
8	4.5	2.93	2.66
10	5.5	3.66	3.39
12	6.5	4.39	4.12
16	9	5.86	5.32
20	11	7.32	6.78
24	13	8.78	8.24
32	17	11.71	11.17
40	21	14.64	14.10
44	23	17.57	17.03

第五节 螺纹车刀和装刀要求

一、螺纹升角对车刀角度的影响

车削螺纹时，因受螺旋运动的影响，使车刀切削情况发生了变化。这对车削单线三角形螺纹影响不大，但在车削矩形、梯形、多线螺纹时因螺纹升角较大，影响就较大。因此，在刃磨矩形、梯形、多线螺纹车刀时必须考虑这个影响。

1. 车刀后角的变化 从图 8-6 中可以看出，在切削右螺纹时，车刀左侧的静止后角 α_{fL}（刃磨后角）应等于工作后角（一般取 3°～5°）加上螺纹升角 ϕ；车刀右侧静止后角 α_{fR} 应等于工作角度减去螺纹升角 ϕ。即

$$\alpha_{fL} = (3^\circ \sim 5^\circ) + \phi \tag{8-5}$$

$$\alpha_{fR} = (3^\circ \sim 5^\circ) - \phi \tag{8-6}$$

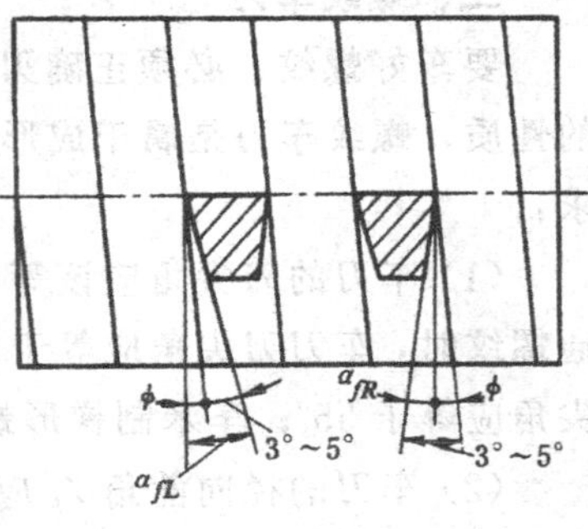

图 8-6 螺纹升角对螺纹车刀后角的影响

2. 车刀前角的变化　由于螺旋运动的影响，切削时车刀的前角也发生了变化。从图 8-7 Ⅰ 中可以看出，如果静止时车刀前角 $\gamma_o=0°$，切削右螺纹时，左切削刃上的工作前角为 $0°+\phi$；右切削刃上的工作前角为 $0°-\phi$。这时，右切削刃上的工作前角为负值，切削很不顺利，排屑困难。为了改善切削条件，将车刀法向（垂直于螺旋线）装刀，这时两侧切削刃工作前角都为 0°（图 8-7 Ⅱ）；或在车刀两切削刃上磨有较大的前角（图 8-7 Ⅲ）；使切削省力，并有利于排屑；或法向装刀并磨有前角 γ_o（图 8-7 Ⅳ）。

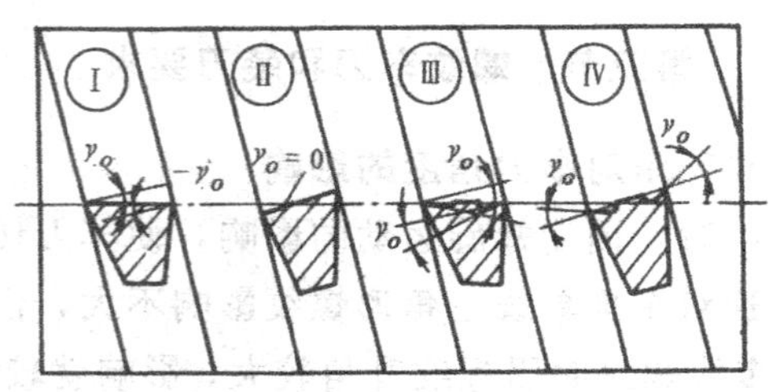

图 8-7　螺纹升角对车刀前角的影响

二、螺纹车刀

要车好螺纹，必须正确刃磨螺纹车刀和装刀。按照工作的性质，螺纹车刀是属于成形刀具，因此对它有以下几点要求：

(1) 车刀的刀尖角应该等于牙型角（图 8-8a)。如车削普通螺纹时，车刀刀尖角应等于 60°；车英制三角形螺纹时，刀尖角应等于 55°；车米制梯形螺纹，刀尖角应等于 30°。

(2) 车刀的径向前角 γ_p 应该等于零度。

(3) 车刀后角因为螺纹升角的影响应该磨得不同。

(4) 车刀的左右切削刃必须是直线（圆形螺纹除外)。

以上几点要求，理论上都应该做到，但是在实际工作中，用高速钢车刀低速车螺纹时，如果采用径向前角 γ_p 等于零度的车刀（图 8-8a），切屑排出困难，很难把螺纹车光。因此，可采用磨有 5°～15°径向前角的螺纹车刀（图 8-8b）。但是当车刀有了前角以后，牙型角就会产生变化，这时必须用修正刀尖角的办法来补偿牙型角误差。

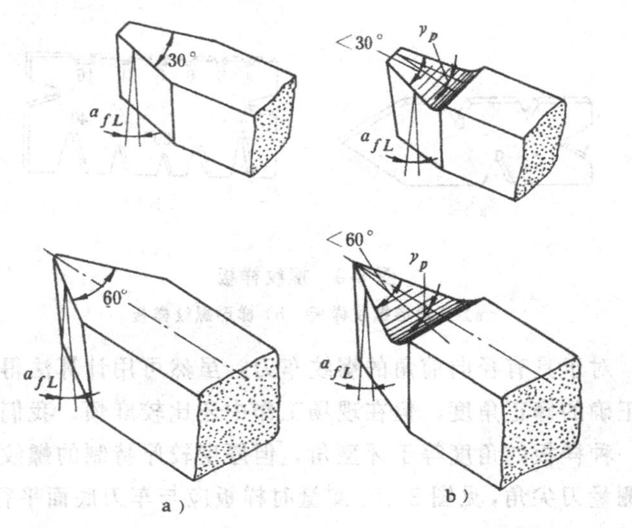

图 8-8　螺纹车刀

a）前角等于零度　b）有径向前角

有径向前角的螺纹车刀，切削比较顺利，并可以减少积屑瘤现象，能车出表面粗糙度较细的螺纹。但由于切削刃不通过工件轴线，因此被切削的螺纹牙型（轴向剖面）不是直线，而是曲线，这种误差对一般要求不高的螺纹来说，可以忽略不计。但这时对牙型角的影响较大，特别是具有较大径向前角的螺纹车刀，其刀尖角必须进行修正。在车削三角螺纹时，当磨有10°～15°径向前角的螺纹车刀，其刀尖角应减小40′～1°40′。

螺纹车刀刃磨是否正确，一般可用样板来检验。普通三角形螺纹车刀样板见图8-9a；梯形螺纹及螺杆车刀样板见图8-9b。样板的上面可以检验梯形螺纹车刀刀头宽度，下面可测量刀尖角度。

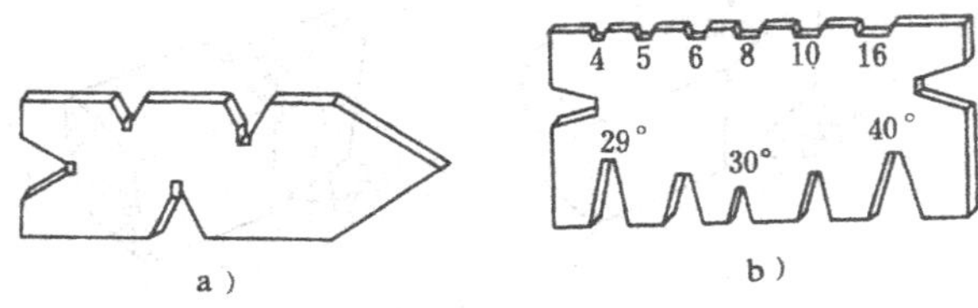

图8-9 螺纹样板
a）三角形螺纹样板 b）梯形螺纹样板

对于具有径向前角的螺纹车刀，虽然可用计算法得到比较正确的修正角度，但在现场工作中还比较麻烦。我们可以用一种样板的角度等于牙型角，但厚度较厚特制的螺纹样板来测量刀尖角，见图8-10。测量时样板应与车刀底面平行，再用透光法检查，这样测量出的角度，车削时已是投影角度，即近似于牙型角。

如果精车精度要求较高的螺纹时，径向前角应该取得较小（0°～5°），才能车出正确的牙型。

必须指出，具有较大径向前角的螺纹车刀，除了产生螺纹牙型变形以外，车削时还会产生一个较大的背向力F_p，见图8-11。这个力使车刀向工件里面拉的趋势，如果中滑板丝杆与螺母之间的间隙较大时，就会产生“扎刀”（拉刀）现象。

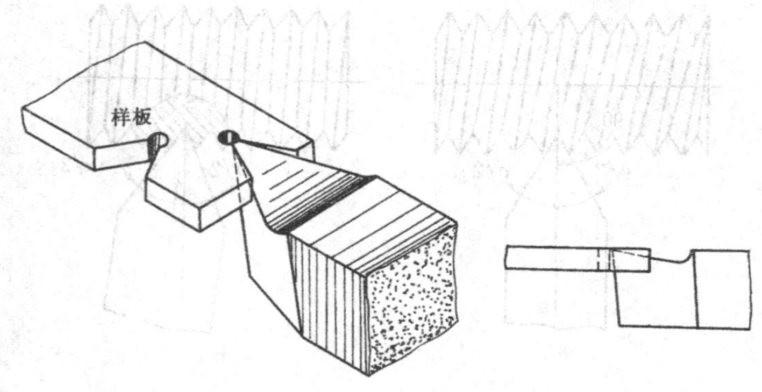

图 8-10 用样板测量修正法

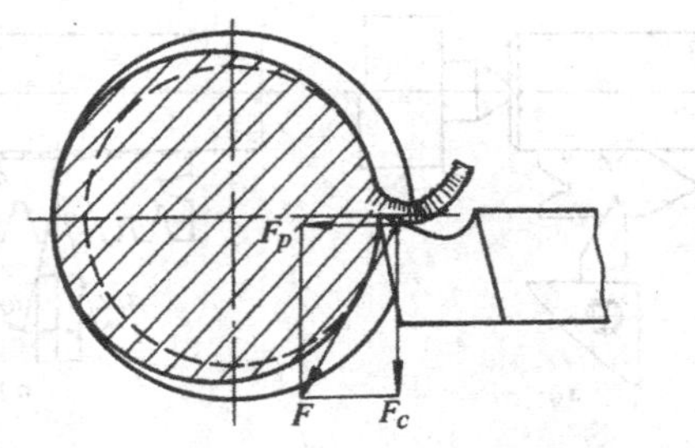

图 8-11 背向力 F_p 使车刀有扎入工件的趋势

三、螺纹车刀的装刀要求

车螺纹时，为了保证牙型正确，对装刀提出了较严格的要求。对于三角螺纹，梯形螺纹，它的牙型要求对称和垂直于工件轴线，即两半角相等，见图 8-12a，如果把车刀装歪，就会产生牙型歪斜，见图 8-12b。车外螺纹的对刀方法见图 8-13。

装刀时刀尖高低必须对准工件中心。

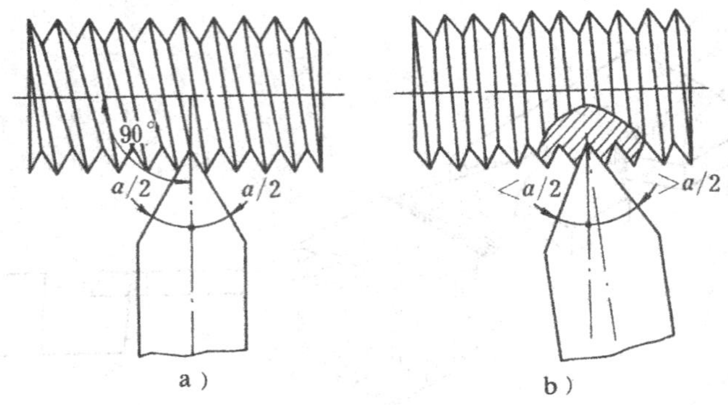

图 8-12 车螺纹时对刀要求

a）两半角相等 b）半角不等螺纹歪斜

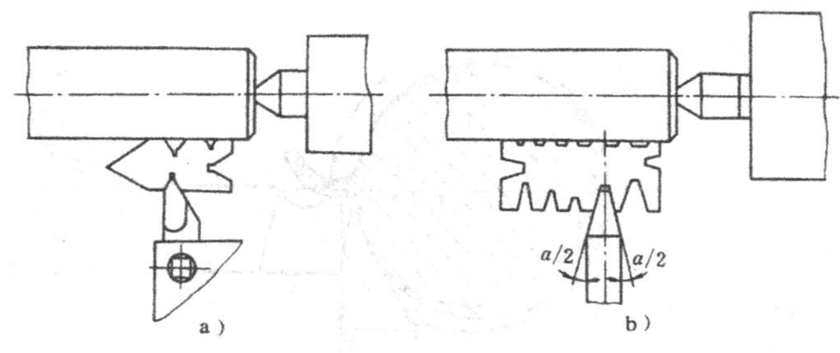

图 8-13 车外螺纹的对刀方法

a）车三角形螺纹 b）车梯形螺纹

第六节 车螺纹时交换齿轮的计算和调整

在无进给箱的车床上车螺纹时，首先根据工件螺距和车床丝杠螺距计算出交换齿轮，并搭配交换齿轮，然后才能进行车削。在有进给箱的车床上，一般只要按铭牌上规定数据去改变手柄的位置和交换齿轮就可以车削螺纹。目前，无进给箱的车床已很少见，因此只作原理性介绍。

一、交换齿轮的计算原理

无进给箱的车床主轴到丝杠的传动系统见图 8-14。车螺纹时，车床转速是通过三星齿轮和交换齿轮 z_1、z_2、z_3、z_4 传给车床的丝杠。由于主轴上的齿轮和三星齿轮的齿数固定不变（三星齿轮只改变丝杠的旋转方向），所以主轴与丝杠的传动比是依靠交换齿轮来调整的。

从图 8-14 中可以看出，当工件转一周后，车刀必须移动一个工件螺距（$P_工$）。因为工件的螺距是根据加工需要经常改变的，而车床丝杠螺距（$P_丝$）是固定不变的。这就需要用交换齿轮来实现车刀移动工件的螺距。

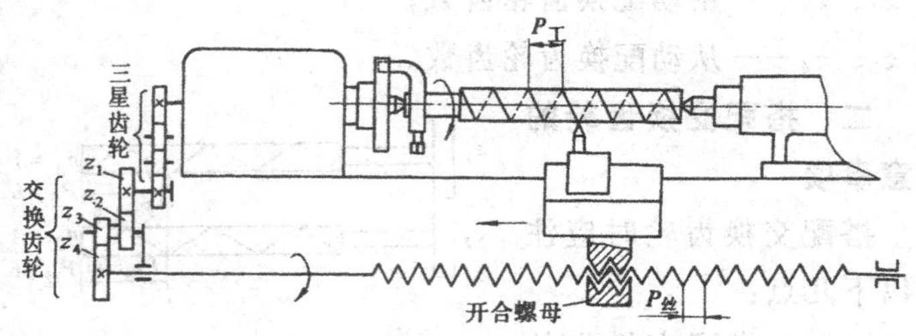

图 8-14　车螺纹时的传动系统图

从图 8-15 中可以看出，车刀的移动距离等于丝杠的转数与丝杠螺距的乘积，而车刀移动的距离等于工件的转数与工件螺距的乘积。因此，可以得出下面的结论：

工件的转数乘以工件的螺距等于丝杠的转数乘以丝杠的螺距。即

$$n_工 P_工 = n_丝 P_丝$$

$$\frac{n_丝}{n_工} = \frac{P_工}{P_丝}$$

$n_{丝}/n_{工}$ 称为速比 i。由 $i=n_{丝}/n_{工}=z_1/z_2$，可得交换齿轮公式：

$$i=\frac{n_{丝}}{n_{工}}=\frac{P_{工}}{P_{丝}}=\frac{z_1}{z_2} \tag{8-7}$$

或

$$i=\frac{P_{工}}{P_{丝}}=\frac{z_1}{z_2}\times\frac{z_3}{z_4} \tag{8-8}$$

式中 $n_{工}$——工件转数；

$n_{丝}$——丝杠转数；

$P_{工}$——工件螺距；

$P_{丝}$——丝杠螺距；

z_1、z_3——主动配换齿轮齿数；

z_2、z_4——从动配换齿轮齿数。

二、搭配交换齿轮的注意事项

搭配交换齿轮时应注意以下几点：

(1) 在搭配交换齿轮时，必须保证齿侧有 0.1～0.2mm 的啮合间隙。如果齿轮啮合太紧，交换齿轮在转动时会产生很大的噪声并损坏齿轮。

(2) 在搭配交换齿轮时，必须先把齿轮和小轴擦干净并涂上润滑油。把油杯装满黄油，用手旋进，将黄油挤到轴、孔的配合间隙内，

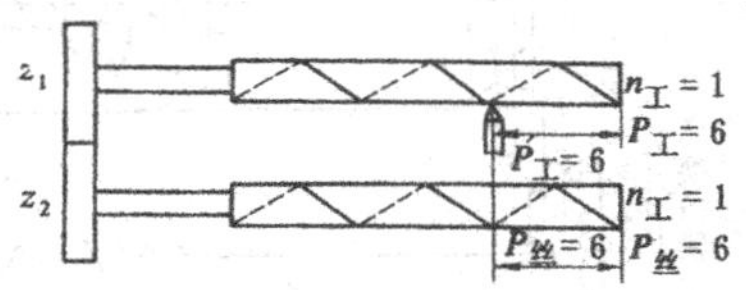

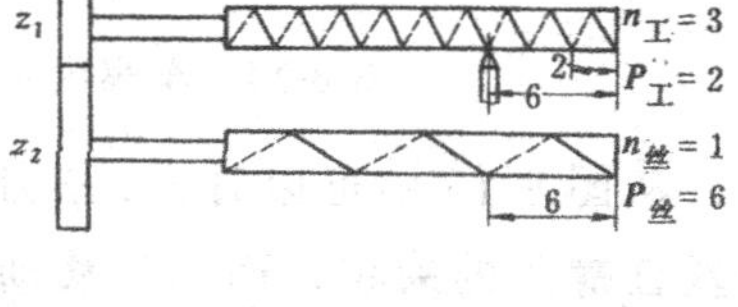

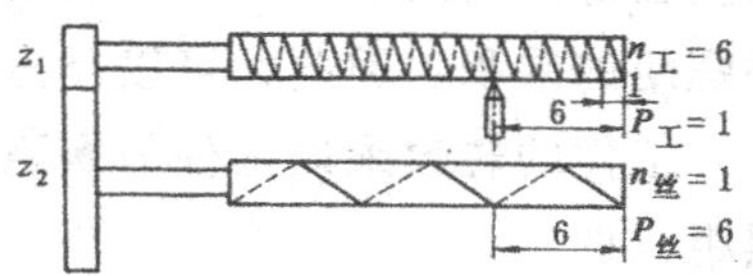

图 8-15 螺距大小与传动比的关系

使套筒在旋转时能保证良好的润滑。因为中间齿轮转速比较高，如果断油而产生摩擦，会使轴、孔发热，严重时直至使轴和孔“咬刹”，以致造成扇形板断裂等设备事故。

第七节 乱扣和预防方法

在车床车削螺纹时，有些螺纹在车削时会产生乱扣（破头）。

要解决这个问题，必须对产生乱扣的原因进行分析，了解它的规律，然后采取措施加以预防。

一、什么叫乱扣

在车削螺纹时，一般都要分几次工作行程才能车削到所需要的尺寸精度。当一次工作行程完毕后，快速把车刀退出，迅速拉开开合螺母，使之脱离丝杠，并把车刀退回到原来位置，使车刀在下一次进给时能切入原来的螺旋槽内。但是，有时在第二次工作行程时，车刀刀尖已不在第一次工作行程的螺旋槽内，而是偏左、偏右或在牙顶中间，结果把螺纹车乱，称为乱扣。

二、产生乱扣的原因

产生乱扣的原因主要是，当车床丝杠转过1转，工件未转过整数转而造成的。现用下面实例来说明。

例4 车床丝杠螺距6mm，车削螺距为4、8、12mm三种螺纹，问它们是否乱扣？

解 根据公式（8-7）

$$i=\frac{P_{工}}{P_{丝}}=\frac{n_{丝}}{n_{工}}$$

代入公式得

$$i=\frac{4}{6}=\frac{1}{1.5}=\frac{n_{丝}}{n_{工}}$$

即丝杠转 1 转时，工件转了 1 转半。如果在第二次工作行程时，它的刀尖正好切在牙顶处。

$$i=\frac{8}{6}=\frac{1}{0.75}=\frac{1}{\frac{3}{4}}=\frac{n_{丝}}{n_{工}}$$

即丝杠转 1 转时，工件转 3/4 转。如果在第二次工作行程时，它的刀尖切入 3/4 牙处。

$$i=\frac{12}{6}=\frac{2}{1}=\frac{1}{0.5}=\frac{1}{\frac{1}{2}}=\frac{n_{丝}}{n_{工}}$$

即丝杠转 1 转时，工件转了半转。如果在第二次工作行程时，它的刀尖也正好切在牙顶处。

从上面例子中可得出下面的结论：

当丝杠转 1 转，而工件不是转整数转时，车刀就切在牙部，即产生了乱扣。

例 5 如果在同样一台车床上，车削螺距为 6、3、1.5mm 三种螺纹，问它们是否会乱扣？

解 代入公式（8-7）

$$i=\frac{P_{工}}{P_{丝}}=\frac{n_{丝}}{n_{工}}$$

$$i=\frac{6}{6}=\frac{1}{1}=\frac{n_{丝}}{n_{工}}$$

即丝杠转 1 转时，工件也是转 1 转，只要把开合螺母按下，刀尖总是在原来的螺旋槽内，不会乱扣。

$$i=\frac{3}{6}=\frac{1}{2}=\frac{n_{丝}}{n_{工}}$$

即丝杠转 1 转时，工件转过两转，同样不会乱扣。

$$i=\frac{1.5}{6}=\frac{1}{4}=\frac{n_{丝}}{n_{工}}$$

即丝杠转1转时，工件转过4转，也不会乱扣。

因此，从上面例子中又可得出下面的结论：当丝杠转1转时，工件转数是整数时，不会产生乱扣。也就是说，丝杠螺距是工件螺距整数倍时，不会产生乱扣。

三、预防乱扣的方法

预防车螺纹时乱扣的方法常用的是开倒顺车法。开倒顺车防止乱扣的方法是每一次工作行程以后，立即横向退刀，不提起开合螺母，开倒车，使车刀退回原来的位置，再开顺车，进行下一次工作行程，这样反复来回车削螺纹。因为车刀与丝杠的传动链没有分离过，车刀始终在原来的螺旋槽中倒顺运动，这样就不会产生乱扣。

第八节　车螺纹的方法

车削螺纹时，一般可采用低速车削和高速车削两种方法。低速车削螺纹可获得较高的精度和较细的表面粗糙度，但生产效率很低；高速车削螺纹比低速切削螺纹生产效率可提高10倍以上，也可以获得较细的表面粗糙度，因此现在工厂中已广泛采用。

一、车三角形螺纹的方法

1. 低速车削三角形螺纹　在低速车螺纹时，为了保持螺纹车刀的锋利状态，车刀的材料最好用高速钢制成，并且把车刀分成粗、精车刀并进行粗、精加工。车螺纹主要有以下三种进刀方法：

(1) 直进法　车螺纹时，只利用中滑板进给（图8-16a），在几次工作行程中车好螺纹，这种方法叫直进法车螺纹。直进法车螺纹可以得到比较正确的牙型。但车刀刀尖全部参加切削（图8-16d），螺纹不易车光，并且容易产生“扎刀”现象。因此，只适用于螺距 $P<1mm$ 的三角形螺纹。

(2) 左右切削法　车削螺纹时，除了用中滑板进给外，同时利用小滑板的刻度把车刀左、右微量进给（借刀），这样重复切削几次工作行程，直至螺纹的牙型全部车好，这种方法叫做左右切削法（图 8-16b）。

(3) 斜进法　在粗车螺纹时，为了操作方便，除了中滑板进给外，小滑板可只向一个方向进给，这种方法称斜进法（图 8-16c）。但精车时，必须用左右切削法才能使螺纹的两侧面都获得较细的表面粗糙度。

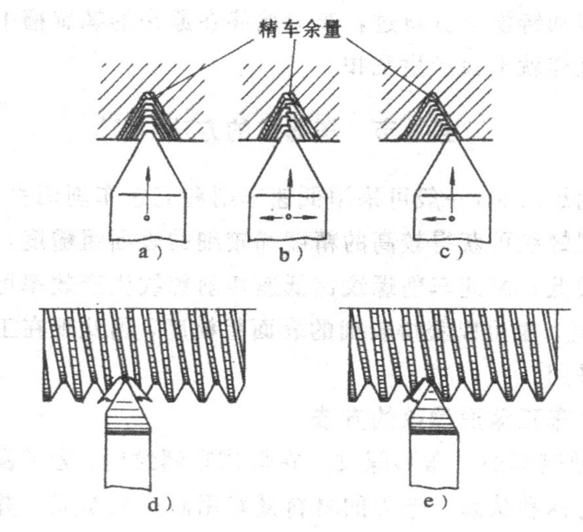

图 8-16　车螺纹时的进给方式

a）直进法　b）左右切削法　c）斜进法　d）直进法出屑情况

e）单面切削出屑情况

用左右切削法和斜进法车螺纹时，因为车刀是单面切削的（图 8-16e），所以不容易产生“扎刀”现象。精车时选择很低的切削速度（$v<5m/min$），再加注切削液，可以获得很

细的表面粗糙度。但是采用左右切削法时，车刀左右进给量不能过大，精车时一般要小于0.05mm，否则会使牙底过宽或凹凸不平。

在实际工作中，可用观察法控制左右进给量，当排出切屑很薄时，车出的螺纹表面粗糙度一定是很细的。

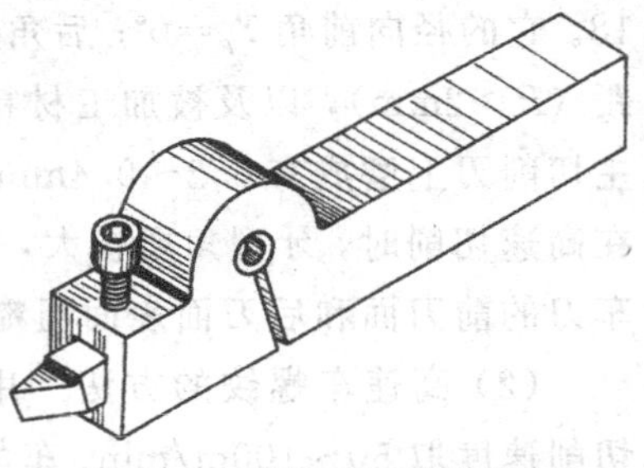
图 8-17　弹性刀杆螺纹车刀

低速车螺纹时，最好采用弹性刀杆（图 8-17），这种刀杆当切削力超过一定值时，车刀能自动让开，使切屑保持适当的厚度，可避免“扎刀”现象。

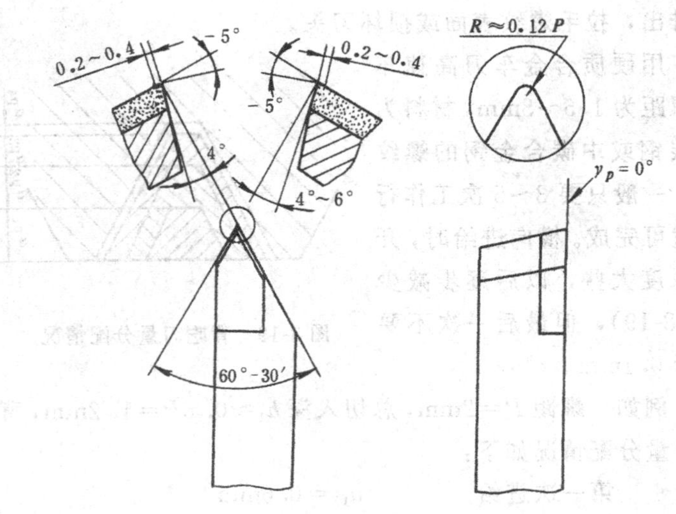

图 8-18　硬质合金三角形螺纹车刀

2. 高速车三角形螺纹

(1) 硬质合金螺纹车刀　高速车螺纹时，最好使用YT15的硬质合金螺纹车刀。硬质合金螺纹车刀的几何形状见图8-18。它的径向前角 $\gamma_p=0°$；后角 $\alpha_o=4°\sim6°$；在加工较大的螺距（$P>2$mm），以及被加工材料硬度较高时，在车刀的两个主切削刃上磨成有0.2～0.4mm宽、前角为−5°的倒棱。因为在高速切削时，牙型角要扩大，所以刀尖角应减少30′；另外车刀的前刀面和后刀面表面粗糙度必须很细。

(2) 高速车螺纹的方法　用硬质合金车刀高速车螺纹，切削速度取50～100m/min。车削时只能用直进法进刀，使切屑垂直于轴线方向排出或卷成球状较理想。如果用左右切削法，车刀只有一个切削刃参加切削，高速排出的切屑会把另外一面拉毛。如果车刀刃磨得不对称或倾斜，也会使切屑侧向排出，拉毛螺纹表面或损坏刀头。

用硬质合金车刀高速车削螺距为1.5～3mm，材料为中碳钢或中碳合金钢的螺纹时，一般只要3～5次工作行程就可完成。横向进给时，开始深度大些，以后逐步减少（图8-19），但最后一次不要小于0.1mm。

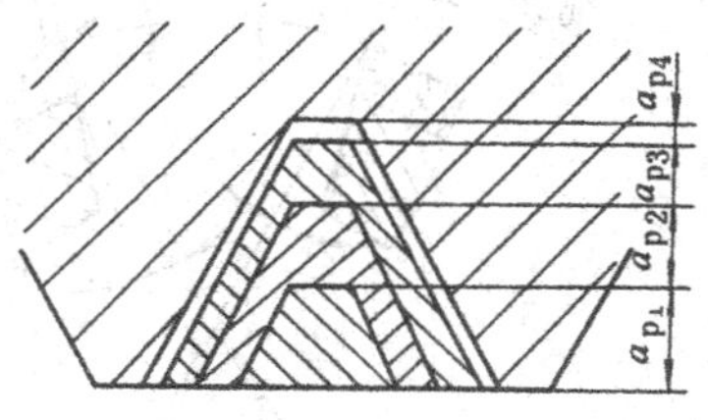

图8-19　背吃刀量分配情况

例如　螺距 $P=2$mm，总切入深 $h_1\approx0.6P=1.2$mm，背吃刀量分配情况如下：

第一次进给	$a_{p1}=0.6$mm
第二次进给	$a_{p2}=0.3$mm
第三次进给	$a_{p3}=0.2$mm

第四次进给　　　$a_{p4}=0.1$mm

虽然第一次进给为 0.6mm，但是因为车刀刚切入工件，总的切削面积是不大的。如果用相同的背吃刀量，那么，越车到螺纹的底部，切削面积越大，使车刀刀尖负荷成倍增大，容易损坏刀头。因此，随着螺纹深度的增加，背吃刀量应逐步减少。

高速车螺纹是生产效率很高的加工方法，因为高速车螺纹时，转速要比低速切削时高 15～20 倍，而且工作行程次数可以减少 2/3 以上。如用高速钢车刀低速车削螺距 $P=2$mm 的螺纹，一般至少 12 次工作行程，而用硬质合金车刀只需 3～4 次工作行程即可，生产效率可大大提高。

(3) 高速车螺纹应注意的问题　1) 因工件材料受车刀挤压使外径胀大，因此螺纹大径应比基本尺寸小 0.2～0.4mm。2) 因切削力较大，工件必须装夹牢固。3) 因转速很高，应集中思想进行操作，尤其是车削带有台阶的螺纹时，要及时把车刀退出，以防碰伤工件或损坏机床。

二、车矩形螺纹

1. 矩形螺纹车刀　矩形螺纹车刀与车槽刀相似（图 8-20）。但矩形螺纹车刀有一定的特性，因此刃磨时还必须考虑以下几点：

(1) 精车刀刀头宽应等于槽宽

$$b=0.5P+(0.02\sim0.04)\text{mm}$$

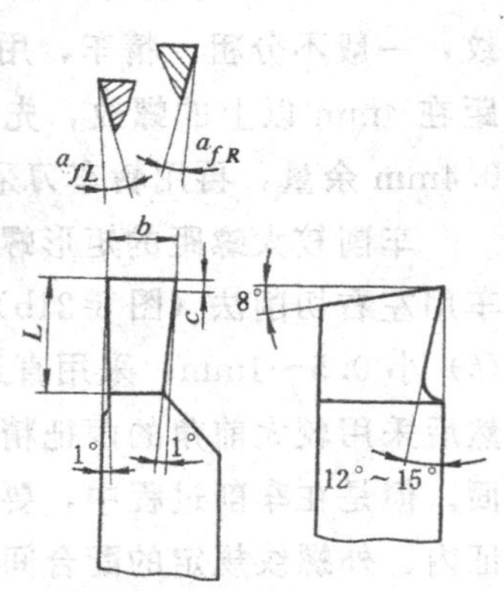

图 8-20　矩形螺纹车刀

(2) 为了不削弱刀头强度，

刀头不应过长，刀头长度 L 只要大于牙型高度 2～4mm。即：

$$L = 0.5P + (2 \sim 4)\text{mm}$$

（3）由于矩形螺纹螺纹升角较大，因此矩形螺纹车刀必须考虑到螺纹升角对工作角度的影响。当车削右螺纹时：

$$\alpha_{fL} = (3° \sim 5°) + \phi$$

$$\alpha_{fR} = (3° \sim 5°) - \phi$$

（4）为了减小工件齿侧面的表面粗糙度，因此矩形螺纹车刀副切削刃上应磨有 $c=$（0.3～0.5）mm 的修光刃。

例 6　车矩形 50×8 的丝杠，已知螺纹升角 $\phi=3°10'$，求矩形螺纹车刀的各部分尺寸。

解　$b = 0.5P + 0.03 = 4.03\text{mm}$

$$L = 0.5P + (2 \sim 4) = 0.5P + 3 =$$

$$0.5 \times 8 + 3 = 7\text{mm}$$

$$\alpha_{fL} = (3° \sim 5°) + \phi = 4° + 3°10' = 7°10'$$

$$\alpha_{fR} = (3° \sim 5°) - \phi = 4° - 3°10' = 0°50'$$

$$c = (0.3 \sim 0.5)\text{mm} \quad 取 c = 0.4\text{mm}$$

2. 车矩形螺纹的方法　车削螺距小于 4mm 的矩形螺纹，一般不分粗、精车，用直进法以一把车刀切削完成。螺距在 4mm 以上的螺纹，先用直进法粗车，两侧各留 0.2～0.4mm 余量，再用精车刀采用直进法精车（图 8-21a）。

车削较大螺距的矩形螺纹时，粗车一般用直进切削法；精车用左右切削法（图 8-21b）。粗车时，刀头宽度要比牙槽宽（b）小 0.5～1mm，采用直进切削法把小径（d_1）车到尺寸。然后采用较大前角的两把精车刀进行左右切削螺纹槽的两侧面。但是在车削过程中，要严格控制和测量牙槽宽度，以保证内、外螺纹规定的配合间隙。

车矩形螺纹时，除了保证两侧面的轴向配合间隙外，还必须注意径向定心精度。矩形螺纹一般采用螺纹的外径来定心。

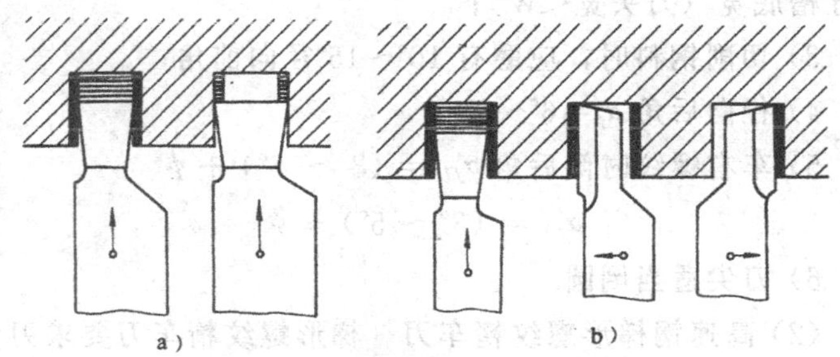

图 8-21　车矩形螺纹的方法

a）直进法　b）左右切削法

三、车梯形螺纹

1. 梯形螺纹车刀　梯形螺纹车刀有高速钢车刀和硬质合金车刀两种，现分别介绍如下：

(1) 高速钢梯形螺纹粗车刀　为了提高螺纹的质量，加工时可分为粗车和精车来进行。梯形螺纹粗车刀的几何形状见图 8-22，其具体角度按下列原则选择：

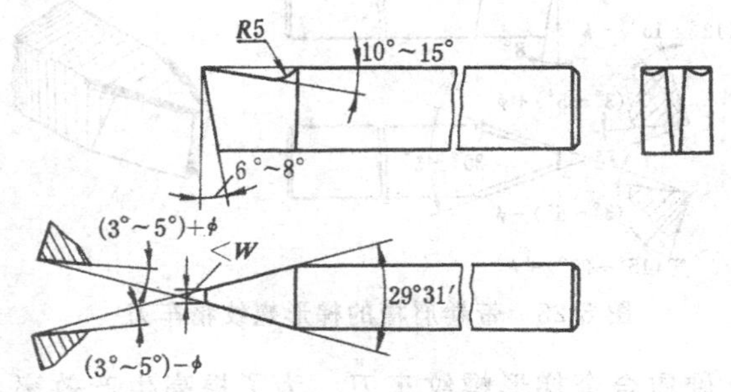

图 8-22　高速钢梯形螺纹粗车刀

1）车刀的刀尖角要略小于牙型角；

2）为了便于左右切削并留有精加工余量，刀头宽度应小于牙槽底宽（刀头宽$<W$）；

3）切削钢料时，应磨有10°～15°径向前角；

4）径向后角$\alpha_p=6°\sim8°$

5）车右螺纹时侧后角$\alpha_{fL}=(3°\sim5°)+\phi$

$$\alpha_{fR}=(3°\sim5°)-\phi$$

6）刀尖适当倒圆。

（2）高速钢梯形螺纹精车刀　梯形螺纹精车刀要求刀尖角等于牙型角，切削刃平直，表面粗糙度细。为了保证两侧切削刃切削顺利，都应磨有较大前角（$\gamma_o=15°\sim20°$）的卷屑槽（图8-23）用这种车刀切削省力，切屑排出顺利，可获得很细的表面粗糙度和很高的牙型精度。它广泛应用于梯形螺纹及蜗杆的精加工。但车削时必须注意，车刀前端横切削刃不能参加切削，只能精车牙侧。

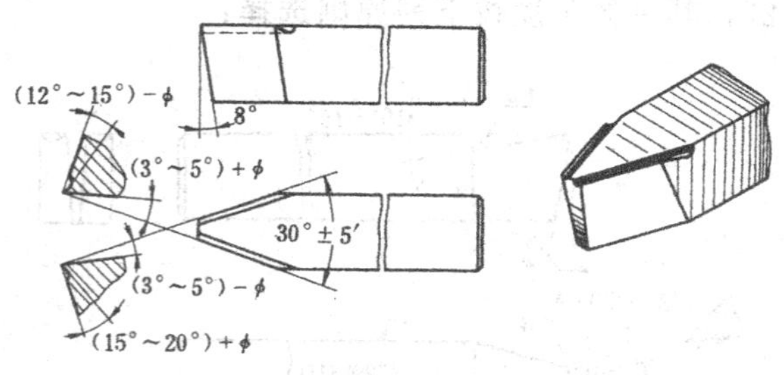

图8-23　带卷屑槽的梯形螺纹精车刀

（3）硬质合金梯形螺纹车刀　为了提高生产效率，在加工一般精度的梯形螺纹时，可采用硬质合金车刀进行高速切削。硬质合金梯形螺纹车刀见图8-24。

高速车螺纹时，由于三个切削刃同时切削，切削力较大，容易引起振动。此外，如果刀具前刀面为平面，切屑呈带状流出，操作很不安全。

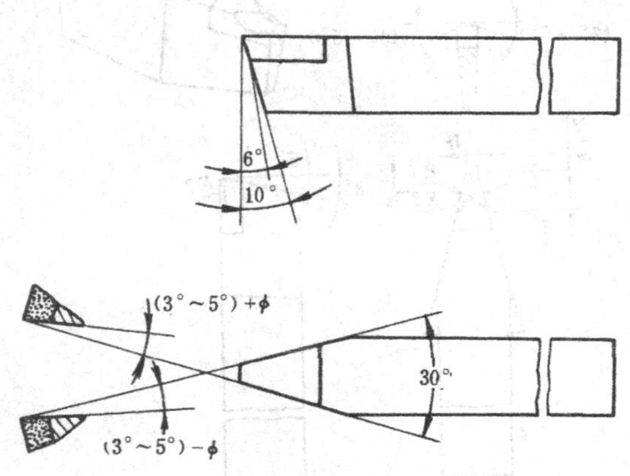

图 8-24　硬质合金梯形螺纹车刀

为了解决以上矛盾，可在车刀前刀面磨出两个圆弧，见图 8-25。它的主要优点是：

1）因为磨出了两个 *R*7 的圆弧，使径向前角增大，切削轻快，不易引起振动。

2）切屑流出卷成一团（呈球状），保证安全，清除切屑方便。

2. 车梯形螺纹的方法　车梯形螺纹的方法也分为低速和高速车削两大类。对于精度要求较高的梯形螺纹及在单件生产和修配工作中，采用较多的还是低速切削。

(1) 低速切削法　在低速切削螺距较小（$P<4$mm）的梯形螺纹时，可用一把梯形螺纹车刀，并用少量的左右进给直接车削成形。

在粗车螺距 $P>4$mm 的梯形螺纹时，可采用以下几种方法：

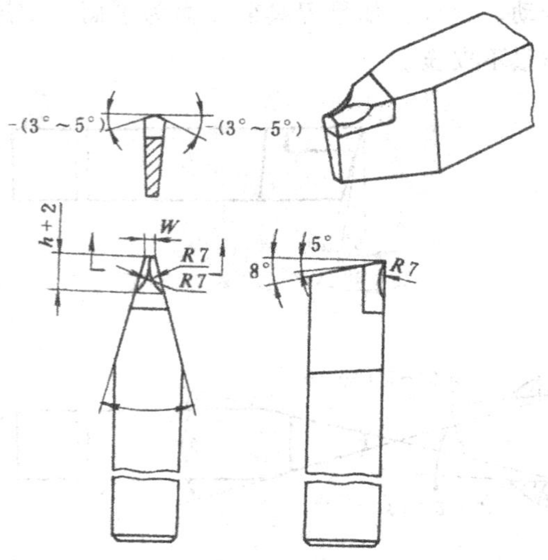

图 8-25　双圆弧硬质合金梯形螺纹车刀

1）左右切削法　粗车时，为了防止三个切削刃同时参加切削而产生振动和“扎刀”现象，可以采用左右切削法（图 8-26a）。

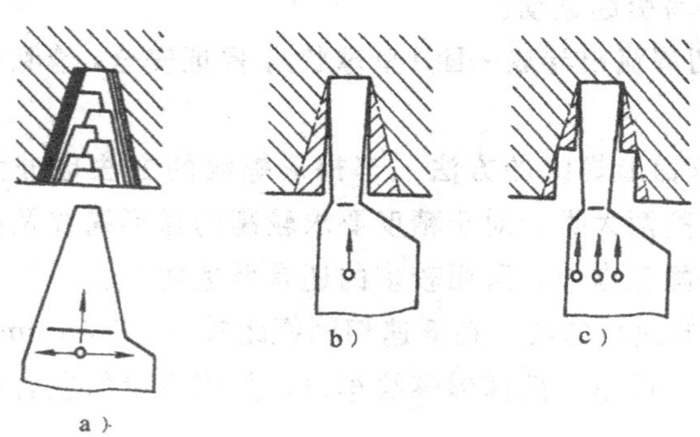

图 8-26　粗车梯形螺纹的方法

a）左右切削法　b）切直槽法　c）切阶梯槽法

2）切直槽法　虽然左右切削法可以防止振动和“扎刀”现象，但每次进给时必须向左或向右进给，很不方便。因此，粗车时可先用类似矩形螺纹车刀的车槽刀（刀头宽度应小于螺纹牙槽底宽 W），采用直进法在工件上车出直槽。见图 8-26b。

3）切阶梯槽法　对于粗车 $P>8$mm 的梯形螺纹可先用刀头宽小于 $P/2$ 的车槽刀。用直进法将螺纹车至中径处，再用刀头宽等于牙槽底宽（W）的车槽刀。用直进法车至小径。

精车梯形螺纹时，最好都用图 8-23 所示的卷屑槽精车刀，把牙型车正确。

（2）高速车削法　高速车削梯形螺纹时，为了防止切屑拉毛牙侧不能采用左右切削法，只能用直进法车削（图 8-27a）。

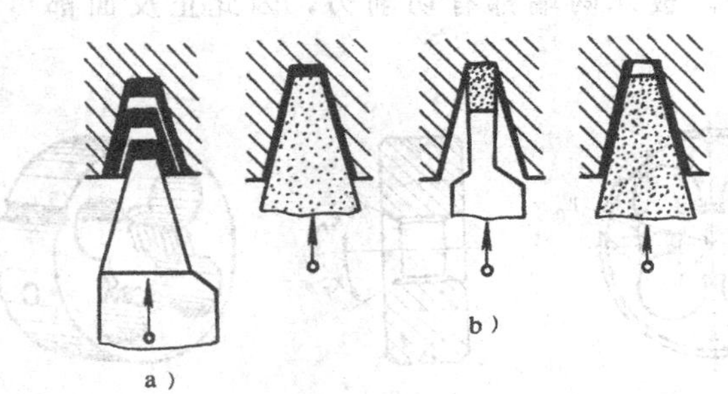

图 8-27　高速车梯形螺纹的方法

a）用一把刀车削　b）用三把刀车削

当梯形螺纹的螺距 $P>8$mm 时，为了减少切削力和牙型变形，可分别用三把车刀依次车削，首先用粗车刀把螺纹粗车成形，然后用车槽刀将底径车至尺寸，最后用精车刀把螺纹车至规定要求（图 8-27b）。

第九节　套螺纹和攻螺纹

除了车螺纹外，对于直径和螺距较小的螺纹，还可以用板牙和丝锥来加工。

板牙和丝锥是一种成形多刃螺纹切削工具，使用板牙、丝锥加工螺纹，操作简单，可以一次切削成形，生产效率较高。

一、套螺纹

用板牙套螺纹，一般用在不大于M16或螺距小于2mm的螺纹。

1. 板牙的结构形状　板牙的结构形状（图8-28a）象一个螺母，板牙上一般有3～5个排屑孔，它可以容纳和排出切屑，排屑孔的缺口与螺纹的相交处形成前角$\gamma_p=15°\sim20°$的切削刃，在后刀面磨有$\alpha_p=7°\sim9°$的后角，切削部分的$2\kappa_r=50°$（图8-28c）。板牙两端都有切削刃，因此正反面都可以使用。

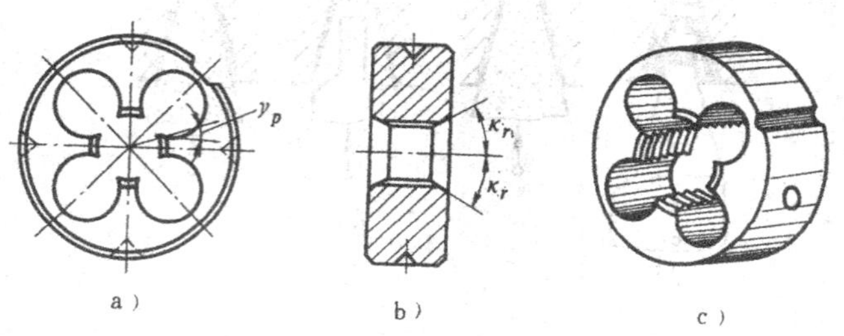

图8-28　板牙的结构形状

2. 套螺纹的方法

(1) 套螺纹前的要求　1）为了使套螺纹时省力，并保证板牙的齿部不易崩裂，工件外径应车到接近螺纹外径的最小极限尺寸。2）外圆车好后，工件的端面必须倒角，倒角的角度（与轴线相交）要小于45°，直径要小于螺纹内径，使板牙容易切入工件。3）在套螺纹的工件上安装板牙时，板牙的两平面一定要与车床主轴轴线垂直。4）套螺纹前必须找正尾座轴线与车床主轴轴线的同轴度，水平偏移不得大于0.05mm。

（2）套螺纹工具　套螺纹工具装在尾座上、在工具体2左端装上板牙，并用螺钉1固定，见图8-29。套筒4上有一条长槽，套螺纹时工具体2可自动随着螺纹向前移动，销钉3用来防止工具体切削时转动。

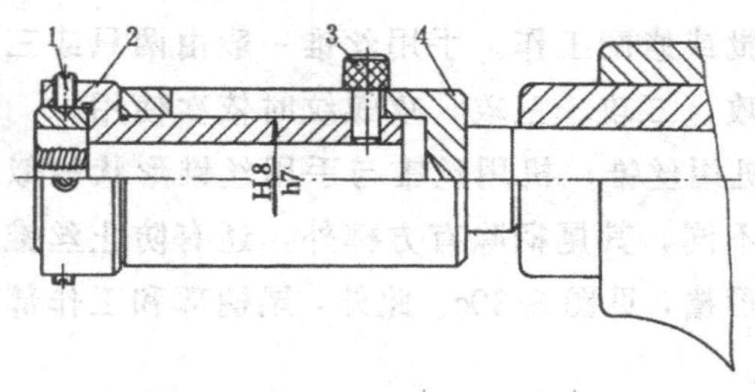

图8-29　车床套螺纹工具

1—螺钉　2—工具体　3—销钉　4—套筒

二、攻螺纹

用丝锥加工工件的内螺纹，称攻螺纹。直径较小或螺距较小的内螺纹可以用丝锥直接攻出来。

1．丝锥的结构形状　丝锥的结构和形状见图8-30。丝锥上面开有容屑槽，这些槽形成了丝锥的切削刃，同时也起排屑作用。L_1是切削部分，铲磨成有后角的圆锥形，它担任主要切削工作。L_2是整形部分，起校正齿形作用。

2．丝锥的种类和切削方法　丝锥有很多种类，但主要分成手用丝锥和机用丝锥两大类。

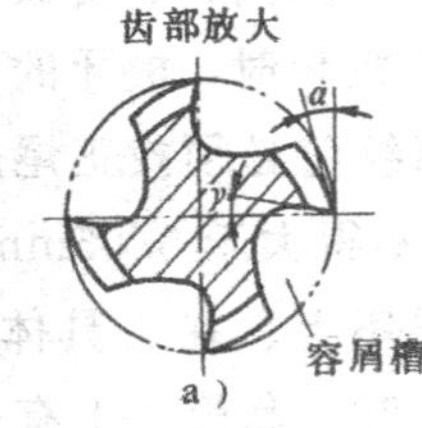

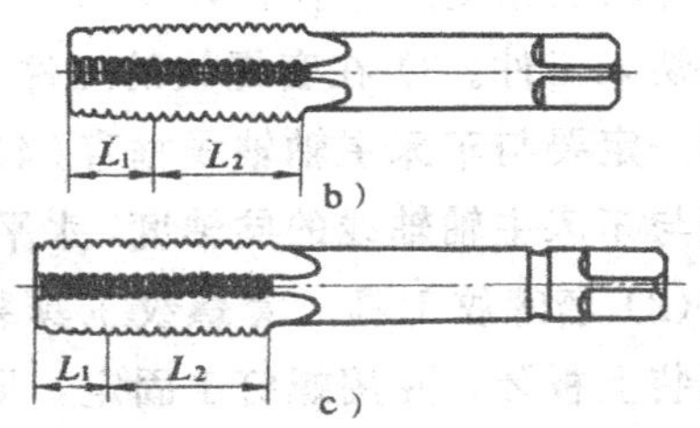

图 8-30 丝锥

（1）手用丝锥 手用丝锥用手工操作攻制螺纹，常用于单件、小批或修配工作。手用丝锥一般由两只或三只组成一套，即头攻、二攻、三攻，攻螺纹时依次使用。

（2）机用丝锥 机用丝锥与手用丝锥形状相似，只在尾柄部有所不同，其尾柄除有方榫外，还有防止丝锥从夹头中脱落的环形槽，见图 8-30c。此外，尾柄部和工作部分同轴度要求较高。

机用丝锥常用单只攻螺纹，一次成形，效率较高。机用丝锥的齿形一般经过螺纹磨床磨削及齿侧面铲磨，因此攻出的内螺纹精度较高表面粗糙度较细。

机用丝锥使用时切削速度较高，因此用高速钢制成。

3. 攻螺纹时孔径的确定 直径不大的内螺纹，通常是钻孔以后，在车床上用丝锥一次攻出，攻螺纹时孔径的确定很重要，由于在挤压力的作用下把一部分材料挤到丝锥的内径，见图 8-31。当被加工材料越韧，挤出部分越多，如果孔径钻得太小，使切削

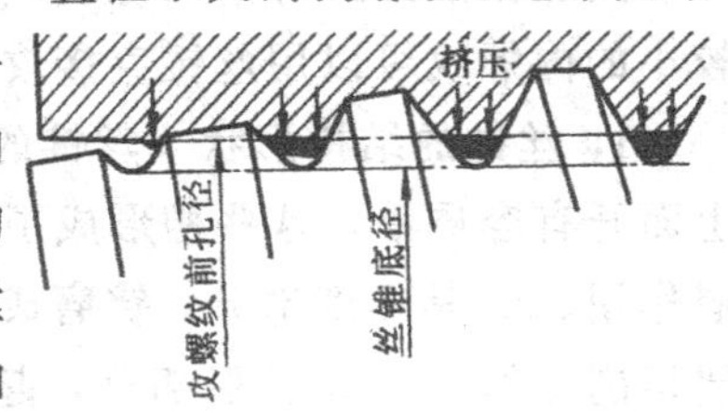

图 8-31 攻螺纹时的金属挤压现象

扭矩大大增加，甚至使丝锥折断。攻螺纹时孔径 D_1 可以用以下近似公式计算

$$D_1 = d - P \tag{8-9}$$

式中 d——外螺纹大径（mm）；

P——螺距（mm）。

4. 攻螺纹的工具　攻螺纹工具与套螺纹工具相似，只要将中间工具体改换成能装夹丝锥的工具体即可（图 8-32）。

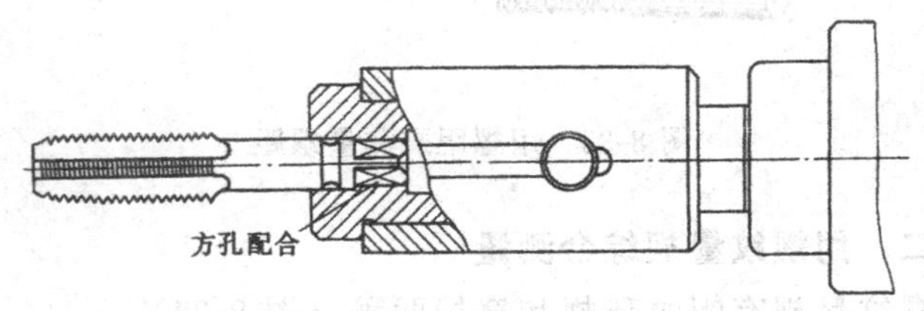

图 8-32　攻螺纹工具

第十节　螺纹的测量

在车削螺纹时，必须认真测量，使零件符合质量要求。最简单的测量螺纹的方法有螺距测量和螺纹量规综合测量两种。

一、螺距的测量

螺距一般可用钢直尺测量，因为普通螺纹的螺距一般较小，在测量时，最好量 10 个螺距的长度，然后把长度除以 10，就得出一个螺距的尺寸。如果螺距较大，那末可以量出 2 或 4 个螺距的长度，再计算它的螺距。英制螺纹，可测量一英寸长度中有几牙来计算螺距。细牙螺纹的螺距较小，用钢直尺测量比较困难，这时可用螺距规来测量，见图 8-33。测量时把标明螺距的钢片平行轴线方向嵌入牙型中，如果完全符合，

则说明被测的螺距是正确的。

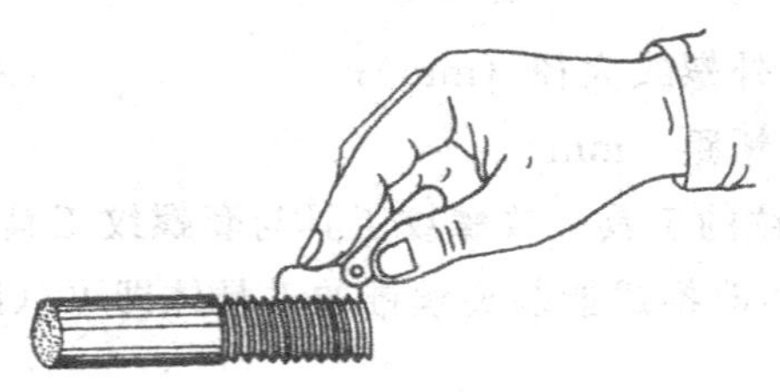

图 8-33 用螺距规测量螺距

二、用螺纹量规综合测量

螺纹量规有螺纹环规和塞规两种（图 8-34）。

环规用来测量外螺纹的尺寸精度；塞规用来测量内螺纹的尺寸精度。在测量螺纹时，如果量规过端正好拧进去，而止端拧不进，说明螺纹精度符合要求。

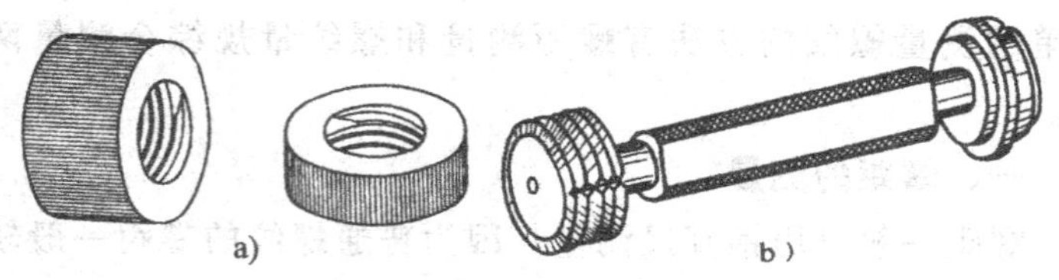

图 8-34 螺纹量规

a）环规 b）塞规

在综合测量螺纹之前，首先应对螺纹的直径、牙型和螺距进行检查，然后再用螺纹量规进行测量。使用时不应硬拧量规，以免量规严重磨损。

第十一节 车螺纹时的废品分析和安全技术

一、车螺纹时的废品分析

车螺纹时产生废品的原因及预防措施见表8-4。

表8-4 车螺纹时产生废品的原因及预防措施

废品种类	产生原因	预防措施
螺距不正确	1. 交换齿轮计算或搭配错误和进给箱手柄位置放错 2. 局部螺距不正确： (1) 车床丝杠和主轴的窜动较大 (2) 溜板箱手轮转动时轻重不均匀 (3) 开合螺母间隙太大 3. 开倒顺车车螺纹时，开合螺母抬起	1. 在车削第一个工件时，先车出一条很浅的螺旋线，停车用钢直尺测量螺距的尺寸是否正确 2. 加工螺纹之前，将主轴与丝杠轴向窜动和开合螺母的间隙进行调整，并将床鞍的手轮与传动齿条脱开，使床鞍能匀速运动 3. 调整开合螺母的镶条，用重物挂在开合螺母的手柄上
牙形不正确	1. 车刀装夹不正确，产生螺纹的半角误差 2. 车刀刀尖角刃磨得不正确 3. 车刀磨损	1. 采用螺纹样板对刀 2. 正确刃磨和测量刀尖角 3. 合理选择切削用量和及时修磨车刀
“扎刀”和顶弯工件	1. 车刀前角太大，中滑板丝杆间隙较大 2. 工件刚性差，而切削用量选择太大	1. 减小车刀前角，调整中滑板的丝杆间隙 2. 根据工件刚性大小来选择合理的切削用量；增加工件的装夹刚性

二、车螺纹时的安全技术

(1) 搭配交换齿轮时，必须切断电源，停车后进行，交换齿轮搭配好后，装上防护罩。

(2) 高速车螺纹时，必须及时退刀，提起开合螺母（或迅速开倒车)，否则会使车刀跟工件台阶或卡盘撞击而产生事故。

(3) 车螺纹在横向进给时，必须注意滑板不要多摇进一圈，否则会造成刀尖崩刃、工件扛弯或工件飞出等设备和人身事故。

(4) 不能用手去摸螺纹表面（特别是直径小的内螺纹），否则会把手指旋入螺孔内而造成严重事故。

(5) 用锉刀锉外螺纹时，严禁带手套操作，两只手中也不能拿废纱头，否则会使纱头卷入工件，把手指也一起卷进而造成严重事故。

第十二节　小滑板丝杆的车削工艺分析

加工如图 8-35 所示的小滑板丝杆。工件每批数量为 40 件。

工艺分析如下：

(1) 应安排毛坯调质热处理，如发现毛坯弯曲严重，应送热处理车间校直后再进行消除内应力处理。不允许自行校直，因未消除内应力，在车削后仍会弯曲复原，以致造成废品。

(2) 工件用一夹一顶装夹车削，装夹刚性好，有利于提高生产率。在车梯形螺纹时，用软卡爪夹住 M18×1.5 外圆处(因螺纹还未加工，不会夹毛)。但软卡爪必须按 $\phi 18^{-0.1}_{-0.2}$尺寸精车正确。

(3) 丝杆精度不高，可在卧式车床上车梯形螺纹。

(4) 加工完毕后，应将工件垂直吊挂起来，以防止工件弯曲。

小滑板丝杆的机械加工工艺卡列于表 8-5。

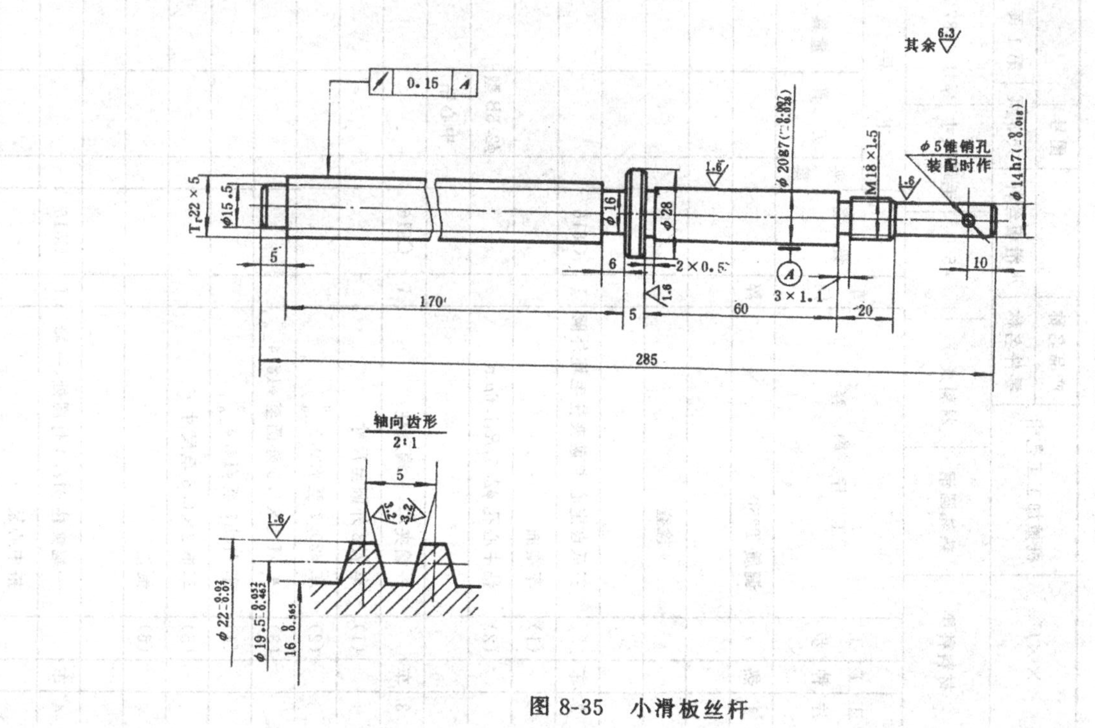

其余 6.3
0.15
A
φ5锥销孔
装配时作
M18×1.5
1.6
φ16
φ28
2×0.5
3×1.1
170
5
60
20
285
10
6
轴向齿形
2:1
3.2

图 8-35 小滑板丝杆

表 8-5 小滑板丝杆机械加工工艺卡 (mm)

××厂	机械加工工艺卡	产品名称		图号	
		零件名称	小滑板丝杆	共 3 页	第 1 页

材料种类	热轧圆钢	材料成分	45	毛坯尺寸	$\phi31\times287$

工序	工种	工步	工序内容	车间	设备	工具		
						夹具	刃具	量具
1	热		调质 T250	淬				
			检查					
2	车		三爪自定心卡盘夹住毛坯外圆	I	C616			
		(1)	车端面					
		(2)	钻中心孔 $\phi2.5$, $R_a1.6\mu m$				$\phi2.5$B 型	
							中心钻	
3	车		一端夹牢,一端顶住	I	C616			
		(1)	车 $\phi28$ 外圆至尺寸					
		(2)	车 $\phi20g7$ 至 $\phi20.5_{-0.1}^{0}$					
		(3)	车 M18×1.5 外圆至 $\phi18.4_{-0.1}^{0}$					
		(4)	车 $\phi14h7$ 至 $\phi14.4_{-0.1}^{0}$					
		(5)	车槽 2×0.5 至尺寸					
		(6)	倒角					
4	车		一端夹住 $\phi18.4$ 外圆处,一端	I	C616			
			搭中心架					

（续）

××厂	机械加工工艺卡	产品名称		图号	
		零件名称	小滑板丝杆	共3页	第2页

材料种类	热轧圆钢	材料成分	45	毛坯尺寸	$\phi31\times287$

工序	工种	工步	工序内容	车间	设备	工具		
						夹具	刃具	量具
		(1)	车端面取总长285至尺寸					
		(2)	钻中心孔$\phi2.5$,$R_a1.6\mu m$				$\phi2.5$B型	
		(3)	车Tr22×5至$\phi22.5_{-0.1}^{0}$				中心钻	
		(4)	车$\phi15.5\times5$至尺寸					
		(5)	车槽$\phi16\times6$至尺寸					
		(6)	倒角					
			检查					
5	磨		工件装夹于两顶尖之间	Ⅱ	M1432A			
		(1)	磨Tr22×5外径至$\phi22_{-0.07}^{-0.04}$					
		(2)	磨$\phi20g7(_{-0.028}^{-0.007})$至尺寸					
		(3)	磨M18×1.5外径至$\phi18_{-0.2}^{-0.1}$					
		(4)	磨$\phi14h7(_{-0.018}^{0})$至尺寸					
			检查					
6	车		软卡爪夹住$\phi18$外圆	Ⅱ	C616			

（续）

××厂	机械加工工艺卡	产品名称		图号	
		零件名称	小滑板丝杆	共 3 页	第 3 页
材料种类	热轧圆钢	材料成分	45	毛坯尺寸	ϕ31×287

工序	工种	工步	工 序 内 容	车间	设 备	工 具		
						夹具	刃 具	量具
		(1)	车 Tr22×5 梯形螺纹至尺寸					Tr22×5 螺纹环规
7	车		软卡爪夹住 ϕ28 处一端顶住	Ⅱ	C616			
		(1)	车槽 3×1.1 至尺寸					
		(2)	车 M18×1.5 至尺寸					M18×1.5 螺纹环规
			检查					
8	钳	(1)	修锉 Tr22×5 螺纹两端不完整牙					
9	普		清洗，涂防锈油，入库		普通 I			
			注意：工件应挂吊安放，以防弯曲					

复 习 题

1. 螺纹按断面形状一般可分哪几种?

2. 写出 M6~M20 普通螺纹的螺距。

3. 按下表已知条件，计算出有关数据，填入下列表中。

顺序	螺纹标记	螺距 P	螺纹大径 d	螺纹中径 d_2	螺纹小径 d_1	牙型高度 h_1
1	M8	1.25				
2	M12	1.75				
3	M16	2				
4	M30×1.5					

4. 螺纹升角的大小跟螺纹直径和导程的关系如何? 并写出计算公式。

5. 车削矩形 48×8 丝杠，求各部分尺寸。

6. 车削 Tr60×12 丝杠，试计算:

(1) 螺纹外径 (d)。

(2) 螺纹中径 (d_2)。

(3) 牙型高度 (h_1)。

(4) 牙槽底宽 (W)。

(5) 如配螺母，求内螺纹内径 (D_1)。

7. 螺纹车刀径向前角对螺纹牙型有什么影响?

8. 车刀水平装刀车削螺纹升角较大的梯形螺纹时，有哪些缺点? 如何解决?

9. 低速车三角形螺纹有哪几种方法?

10. 低速车梯形螺纹有哪几种方法?

11. 低速精车梯形螺纹，应采用何种车刀?

12. 车螺纹时，产生乱扣的原因是什么?

13. 在丝杠螺距为 12mm 的车床上，车螺距为 3.5mm、4mm、12mm、24mm 时，是否会产生乱扣？

14. 车螺纹时产生“扎刀”是什么原因？怎样预防？

15. 攻螺纹前孔径太小会产生什么后果？如何确定普通螺纹攻螺纹前的孔径？

附　　录

附录A　车床类组系划分表（摘自GB/T15375—94）

组		系		主参数	
代号	名称	代号	名称	折算系数	名称
0	仪表车床	0	仪表台式精整车床	1/10	床身上最大回转直径
		1			
		2			
		3	仪表转塔车床	1	最大棒料直径
		4	仪表卡盘车床	1/10	床身上最大回转直径
		5	仪表精整车床	1/10	床身上最大回转直径
		6	仪表卧式车床	1/10	床身上最大回转直径
		7	仪表棒料车床	1	最大棒料直径
		8	仪表轴车床	1/10	床身上最大回转直径
		9	仪表卡盘精整车床	1/10	床身上最大回转直径
1	单轴自动车床	0	主轴箱固定型自动车床	1	最大棒料直径
		1	单轴纵切自动车床	1	最大棒料直径
		2	单轴横切自动车床	1	最大棒料直径
		3	单轴转塔自动车床	1	最大棒料直径
		4	单轴卡盘自动车床	1/10	床身上最大回转直径
		5			
		6	正面操作自动车床	1	最大车削直径
		7			
		8			
		9			

（续）

组		系		主参数	
代号	名称	代号	名称	折算系数	名称
2	多轴自动、半自动车床	0	多轴平行作业棒料自动车床	1	最大棒料直径
		1	多轴棒料自动车床	1	最大棒料直径
		2	多轴卡盘自动车床	1/10	卡盘直径
		3			
		4	多轴可调棒料自动车床	1	最大棒料直径
		5	多轴可调卡盘自动车床	1/10	卡盘直径
		6	立式多轴自动车床	1/10	最大车削车径
		7	立式多轴平行作业自动车床	1/10	最大车削直径
		8			
		9			
3	回轮、转塔车床	0	回轮车床	1	最大棒料直径
		1	滑鞍转塔车床	1/10	卡盘直径
		2	棒料滑枕转塔车床	1	最大棒料直径
		3	滑枕转塔车床	1/10	卡盘直径
		4	组合式转塔车床	1/10	最大车削直径
		5	横移转塔车床	1/10	最大车削直径
		6	立式双轴转塔车床	1/10	最大车削直径
		7	立式转塔车床	1/10	最大车削直径
		8	立式卡盘车床	1/10	卡盘直径
		9			
4	曲轴及凸轮轴车床	0	旋风切削曲轴车床	1/100	转盘内孔直径
		1	曲轴车床	1/10	最大工件回转直径
		2	曲轴主轴颈车床	1/10	最大工件回转直径
		3	曲轴连杆轴颈车床	1/10	最大工件回转直径
		4			

（续）

组		系		主参数	
代号	名称	代号	名称	折算系数	名称
4	曲轴及凸轮轴车床	5	多刀凸轮轴车床	1/10	最大工件回转直径
		6	凸轮轴车床	1/10	最大工件回转直径
		7	凸轮轴中轴颈车床	1/10	最大工件回转直径
		8	凸轮轴端轴颈车床	1/10	最大工件回转直径
		9	凸轮轴凸轮车床	1/10	最大工件回转直径
5	立式车床	0			
		1	单柱立式车床	1/100	最大车削直径
		2	双柱立式车床	1/100	最大车削直径
		3	单柱移动式立式车床	1/100	最大车削直径
		4	双柱移动式立式车床	1/100	最大车削直径
		5	工作台移动单柱立式车床	1/100	最大车削直径
		6			
		7	定梁单柱立式车床	1/100	最大车削直径
		8	定梁双柱立式车床	1/100	最大车削直径
		9			
6	落地及卧式车床	0	落地车床	1/100	最大工件回转直径
		1	卧式车床	1/10	床身上最大回转直径
		2	马鞍车床	1/10	床身上最大回转直径
		3	轴车床	1/10	床身上最大回转直径
		4	卡盘车床	1/10	床身上最大回转直径
		5	球面车床	1/10	刀架上最大回转直径
		6			
		7			
		8			
		9			

（续）

组		系		主参数	
代号	名称	代号	名　称	折算系数	名　称
7	仿形及多刀车床	0	转塔仿形车床	1/10	刀架上最大车削直径
		1	仿形车床	1/10	刀架上最大车削直径
		2	卡盘仿形车床	1/10	刀架上最大车削直径
		3	立式仿形车床	1/10	最大车削直径
		4	转塔卡盘多刀车床	1/10	刀架上最大车削直径
		5	多刀车床	1/10	刀架上最大车削直径
		6	卡盘多刀车床	1/10	刀架上最大车削直径
		7	立式多刀车床	1/10	刀架上最大车削直径
		8	异形仿形车床	1/10	刀架上最大车削直径
		9			
8	轮、轴、辊、锭及铲齿车床	0	车轮车床	1/100	最大工件直径
		1	车轴车床	1/10	最大工件直径
		2	动轮曲拐销车床	1/100	最大工件直径
		3	轴颈车床	1/100	最大工件直径
		4	轧辊车床	1/10	最大工件直径
		5	钢锭车床	1/10	最大工件直径
		6			
		7	立式车轮车床	1/100	最大工件直径
		8			
		9	铲齿车床	1/10	最大工件直径
9	其他车床	0	落地镗车床	1/10	最大工件回转直径
		1			
		2	单能半自动车床	1/10	刀架上最大车削直径
		3	气缸套镗车床	1/10	床身上最大回转直径
		4			

（续）

组		系		主参数	
代号	名称	代号	名称	折算系数	名称
9	其他车床	5	活塞车床	1/10	最大车削直径
		6	轴承车床	1/10	最大车削直径
		7	活塞环车床	1/10	最大车削直径
		8	钢锭模车床	1/10	最大车削直径
		9			

附录 B　工具圆锥尺寸

(mm)

（1）带扁尾的外圆锥

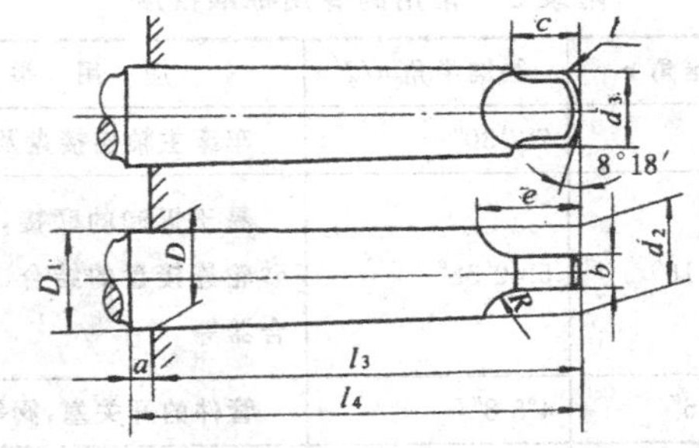

圆锥符号		D	D_1	d_2	d_3	l_3	l_4	a	b	e	c	R	r
莫氏	0	9.045	9.212	6.115	5.9	56.3	59.5	3.2	3.9	10.5	6.5	4	1
	1	12.065	12.240	8.972	8.7	62.0	65.5	3.5	5.2	13.5	8.5	5	1.25
	2	17.780	17.980	14.059	13.6	74.5	78.5	4.0	6.3	16.5	10.5	6	1.5
	3	23.825	24.051	19.131	18.6	93.5	98.0	4.5	7.9	20.0	13.0	7	2
	4	31.267	31.542	25.154	24.6	117.7	123.0	5.3	11.9	24.0	15.0	9	2.5
	5	44.399	44.731	36.547	35.7	149.2	155.5	6.3	15.9	30.5	19.5	11	3
	6	63.348	63.760	52.419	51.3	209.6	217.5	7.9	19.0	45.5	28.5	17	4

（续）

圆锥符号		D	D_1	d_2	d_3	l_3	l_4	a	b	e	c	R	r
米制	80	80	80.4	69	67	220	228	8	26	47	24	23	5
	100	100	100.5	87	85	260	270	10	32	58	28	30	6
	120	120	120.6	105	103	300	312	12	38	68	32	36	6
	(140)	140	140.7	123	121	340	354	14	44	78	36	42	8
	160	160	160.8	141	139	380	396	16	50	88	40	48	8
	200	200	201.0	177	175	460	480	20	62	108	48	60	10

注：1. 括号内的尺寸尽可能不采用。

2. D_1、d_2、l_3 尺寸供参考。

附录C　常用的专用标准锥度

锥度 C	圆锥角 α	圆锥半角 $\alpha/2$	应用举例
1∶4	14°15′	7°7′30″	车床主轴连接盘及轴头
1∶5	11°25′16″	5°42′38″	易于拆卸的联接，砂轮主轴与砂轮连接盘的结合，锥形摩擦离合器等
1∶7	8°10′16″	4°5′8″	管件的开关塞，阀等
1∶12	4°46′19″	2°23′9″	部分滚动轴承内环锥孔
1∶15	3°49′6″	1°54′23″	主轴与齿轮的配合部分
1∶16	3°34′47″	1°47′24″	圆锥管螺纹
1∶20	2°51′51″	1°25′56″	米制工具圆锥，锥形主轴颈
1∶30	1°54′35″	0°57′17″	装柄的铰刀和扩孔钻与柄的配合
1∶50	1°8′45″	0°34′23″	圆锥定位销及锥铰刀
7∶24	16°35′39″	8°17′50″	铣床主轴孔及刀杆的锥体
7∶64	6°15′38″	3°7′49″	刨齿机工作台的心轴孔

附录D 普通螺纹基本尺寸

(mm)

公称直径 D、d			螺距	中径	小径
第一系列	第二系列	第三系列	P	D_2 或 d_2	D_1 或 d_1
4			0.7	3.545	3.242
			0.5	3.675	3.459
	4.5		(0.75)	4.013	3.688
			0.5	4.175	3.959
5			0.8	4.480	4.134
			0.5	4.675	4.459
		5.5	0.5	5.175	4.959
6			1	5.350	4.917
			0.75	5.513	5.188
			(0.5)	5.675	5.459
		7	1	6.350	5.917
			0.75	6.513	6.188
			0.5	6.675	6.459
8			1.25	7.188	6.647
			1	7.350	6.917
			0.75	7.513	7.188
			(0.5)	7.675	7.459
		9	(1.25)	8.188	7.847
			1	8.350	7.917
			0.75	8.513	8.188
			0.5	8.675	8.459
10			1.5	9.026	8.376
			1.25	9.188	8.647
			1	9.350	8.917
			0.75	9.513	9.188
			(0.5)	9.675	9.459
		11	(1.5)	10.026	9.376
			1	10.350	9.917
			0.75	10.513	10.188
			0.5	10.675	10.459
12			1.75	10.863	10.106
			1.5	11.026	10.376
			1.25	11.188	10.647
			1	11.350	10.917
			(0.75)	11.513	11.188
			(0.5)	11.675	11.459
	14		2	12.701	11.835
			1.5	13.026	12.376

（续）

公称直径 D、d			螺距 P	中径 D_2 或 d_2	小径 D_1 或 d_1
第一系列	第二系列	第三系列			
	14		(1.25)①	13.188	12.647
			1	13.350	12.917
			(0.75)	13.513	13.188
			(0.5)	13.675	13.459
		15	1.5	14.026	13.376
			(1)	14.350	13.917
16			2	14.701	13.835
			1.5	15.026	14.376
			1	15.350	14.917
			(0.75)	15.513	15.188
			(0.5)	15.675	15.459
		17	1.5	16.026	15.376
			(1)	16.350	15.917
	18		2.5	16.376	15.294
			2	16.701	15.835
			1.5	17.026	16.376
			1	17.350	16.917
			(0.75)	17.513	17.188
			(0.5)	17.675	17.459
20			2.5	18.376	17.294
			2	18.701	17.835
			1.5	19.026	18.376
			1	19.350	18.017
			(0.75)	19.513	19.188
			(0.5)	19.675	19.459
	22		2.5	20.376	19.294
			2	20.701	19.835
			1.5	21.026	20.376
			1	21.350	20.917
			(0.75)	21.513	21.188
			(0.5)	21.675	21.459
24			3	22.051	20.752
			2	22.701	21.835
			1.5	23.026	22.376
			1	23.350	22.917
			(0.75)	23.513	23.188
		25	2	23.701	22.835
			1.5	24.026	23.376

（续）

公称直径D、d			螺距 P	中径 D_2 或 d_2	小径 D_1 或 d_1
第一系列	第二系列	第三系列			
		25	(1)	24.350	23.917
		26	1.5	25.026	24.376
	27		3	25.051	23.752
			2	25.701	24.835
			1.5	26.026	25.376
			1	26.350	25.917
			(0.75)	26.513	26.188
		28	2	26.701	25.835
			1.5	27.026	26.376
			1	27.350	26.917
30			3.5	27.727	26.211
			(3)	28.051	26.752
			2	28.701	27.835
			1.5	29.026	28.376
			1	29.350	28.917
			(0.75)	29.513	29.188
		32	2	30.701	29.835
			1.5	31.026	30.376
	33		3.5	30.727	29.211
			(3)	31.051	29.752

注：1. 直径优先选用第一系列，其次第二系列，第三系列尽可能不用。

2. 括号内的螺距尽可能不用。

① M14×1.25 仅用于火花塞。

附录E 英制螺纹基本尺寸 (mm)

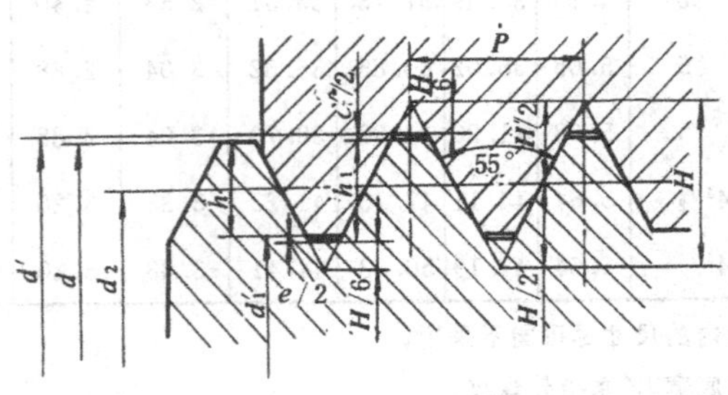

（续）

公称直径（英寸）	每英寸牙数（n）	螺距（P）	中径（d_2）	外螺纹外径（d）	内螺纹内径（d'_1）	牙型高度		牙槽底宽②（W）
						外螺纹（h_1）	内螺纹（h'_1）	
3/16	24	1.06	4.09	4.63	3.56	0.61	0.60	0.18
1/4	20	1.27	5.54	6.20	4.91	0.74	0.72	0.21
5/16	18	1.41	7.03	7.78	6.34	0.82	0.80	0.24
3/8	16	1.59	8.51	9.36	7.73	0.93	0.90	0.27
(7/16)①	14	1.81	9.95	10.93	9.06	1.07	1.03	0.30
1/2	12	2.12	11.35	12.50	10.30	1.26	1.20	0.35
(9/16)①	12	2.12	12.93	14.08	11.89	1.25	1.20	0.35
5/8	11	2.31	14.40	15.65	13.26	1.37	1.31	0.39
3/4	10	2.54	17.42	18.81	16.17	1.51	1.44	0.42
7/8	9	2.82	20.42	21.96	19.03	1.67	1.60	0.47
1	8	3.18	23.37	25.11	21.80	1.89	1.80	0.53
$1_{1/8}$	7	3.63	26.25	28.25	24.46	2.16	2.06	0.61
$1_{1/4}$	7	3.63	29.43	31.42	27.64	2.16	2.06	0.61
($1_{3/8}$)①	6	4.23	32.22	34.56	30.13	2.53	2.40	0.71
$1_{1/2}$	6	4.23	35.39	37.73	33.31	2.53	2.40	0.71
($1_{5/8}$)①	5	5.08	38.02	40.85	35.52	3.04	2.88	0.85
$1_{6/4}$	5	5.08	41.20	44.02	38.70	3.04	2.88	0.85
($1_{7/8}$)①	$4^1/_2$	5.64	44.11	47.15	41.23	3.38	3.20	0.94
2	$4^1/_2$	5.64	47.19	50.32	44.41	3.38	3.20	0.94

① 括号内的尺寸尽可能不采用。

② 牙槽底宽 W 系指外螺纹。

本工种需学习下列课程

初级:机械识图、金属材料及热处理基础、电工常识、量具与公差、机械传动、初级车工工艺学

中级:数学、机械制图、金属切削原理与刀具、机制工艺基础与夹具、中级车工工艺学

高级:机械制造工艺学、机构与机械零件、液压传动、机床电气控制、高级车工工艺学

为便于企业开展培训,机械工业出版社还组织编写出版了与以上教材配套的习题集,并摄制出版了电视教学录像片。